Åke Sandhall
Hans Berggren

Planktonkunde

Bilder aus der Mikrowelt von Teich und See

Kosmos
Gesellschaft der Naturfreunde
Franckh'sche Verlagshandlung
Stuttgart

Aus dem Schwedischen übersetzt von Kerstin Berggren.
Titel der Originalausgabe: „Mikrobilder liv i damm och sjö", erschienen bei Rahm & Stenström Interpublishing AB, Taptogatan 4, S-11528 Stockholm unter der ISBN 1070-290

Mit 238 Farbfotos, 12 Schwarzweißfotos und über 100 Schwarzweißzeichnungen von Åke Sandhall.
Die Mikroaufnahmen wurden mit folgender Ausrüstung angefertigt: Zeiss Mikroskop Standard 14C mit Mikroelektronenblitz und Spezialkamera
Objektive: Zeiss Planachromat 4×/0,16, 10×/0,32, 25×/0,65, 40×/0,95, 63×/1,4 Ölimmersion
Zeiss Stereomikroskop DRC mit Kamera Canon F1 und zwei Elektronenblitzen.

Umschlag von Edgar Dambacher unter Verwendung von Farbfotos von Åke Sandhall.

CIP-Kurztitelaufnahme der Deutschen Bibliothek

Sandhall, Åke:
Planktonkunde : Bilder aus d. Mikrowelt von Teich u. See / Åke Sandhall ; Hans Berggren. – Stuttgart : Franckh, 1985.
Einheitssacht.: Mikrobilder liv i damm och sjö
ISBN 3-440-05542-6
NE: Berggren, Hans:

Franckh'sche Verlagshandlung, W. Keller & Co., Stuttgart / 1985

Printed in Bilbao / Imprimé en Bilbao
LH 14 ro / ISBN 3-440-05542-6
Satz: G. Müller, Heilbronn
Herstellung: Editorial Fher S.A. Bilbao

Planktonkunde

Bilder aus der Mikrowelt von Teich und See

Vorwort

Mit diesem Buch wollen wir anhand von Farbfotos einen Einblick in die interessante Mikrowelt des Süßwassers vermitteln. Alle abgebildeten Pflanzen und Tiere sind so klein, daß man sie nur unter dem Mikroskop sehen und beobachten kann. Die meisten davon leben frei im Wasser schwebend und können ihre Bewegungsrichtung kaum beeinflussen.
Die Gesamtheit dieser mikroskopisch kleinen, im Wasser schwebenden Pflanzen und Tiere bezeichnet man als Plankton. Doch manche der abgebildeten Arten leben fast ausschließlich auf einer festen Unterlage, z. B. auf Steinen oder Wasserpflanzen und gelangen nur hin und wieder ins freie Wasser, wo sie leicht mit dem Planktonnetz gefangen werden können.
Die Fotos stammen durchweg von lebenden Pflanzen und Tieren. Fixierte Organismen lassen sich zwar leichter und weniger zeitaufwendig fotografieren, doch werden viele von ihnen durch die Fixierung zerstört oder bis zur Unkenntlichkeit verändert. Alle Aufnahmen wurden im Durchlichtmikroskop gemacht. Dunkelfeld, Interferenzkontrast, Phasenkontrast und andere komplizierte Techniken wurden konsequent vermieden, um möglichst naturgetreue Bilder zu erhalten, wie man sie im gewöhnlichen Durchlichtmikroskop für Schüler sieht.
Anhand der Farbbilder lassen sich selbstgefundene Organismen bestimmen und systematisch einordnen. Meist kann aber nur die Gattung bestimmt werden, manchmal auch die Art. Bei Gruppen, deren Arten sehr schwierig zu bestimmen sind, beschränken wir uns auf die Angabe des Gattungsnamens. Dies gilt besonders für das Phytoplankton (Pflanzenplankton), aber auch für Wimpertiere, deren Artbestimmung im allgemeinen Spezialkenntnisse erfordert.
In der Planktonkunde verwendet man häufig Fachausdrücke, um das Aussehen einer Art oder um verschiedene biologische und ökologische Erscheinungen kurz zu beschreiben. Wo immer es ging, versuchten wir, Fremdwörter zu vermeiden. Im großen und ganzen beschränkten wir uns auf wenige gebräuchliche Fachausdrücke, die im Text oder im Fachwortverzeichnis am Schluß des Buches erläutert werden.
Herrn Dr. Bruno Berzins (Tierplankton) und Frau Dr. Gertrud Cronberg (Pflanzenplankton), beide Limnologisches Institut Lund, danken wir sehr herzlich für sachkundige Beurteilung der Artbestimmungen und für wertvolle Hinweise zum Text.
Wir hoffen, daß das Buch als hilfreiche Anleitung aufgenommen wird und das Interesse für Studien an der phantastischen Mikrowelt weckt, so wie auch uns die Welt der Mikroben während der fünf Jahre, die wir an dem Buch gearbeitet haben, gefesselt und fasziniert hat.

Hans Berggren *Åke Sandhall*

Einleitung

„Da wurde alles Wasser im Nil zu Blut, die Fische starben, der Nil stank."
So schildert die Bibel das, was wir heute als Wasserblüte oder Planktonblüte bezeichnen. In der älteren Literatur werden solche Erscheinungen an manchen Stellen beschrieben. Sie malen den Schauder und den Schrecken anschaulich aus, den die Menschen der damaligen Zeit beim Anblick dieser für sie noch rätselhaften Naturerscheinungen empfanden.
Heute wissen wir, daß die Planktonblüte auf einer Massenvermehrung der Mikroorganismen beruht und von Pflanzen wie auch von Tieren verursacht werden kann. Für die meisten „Blüten" sind nur ein paar Algenarten verantwortlich. Je nach der gerade vorherrschenden Art färbt sich das Wasser grün, blaugrün oder rot.
Der Begriff „Plankton" stammt aus dem Griechischen und bedeutet „umhertreibend". Er umfaßt die im freien Wasser treibenden mikroskopisch kleinen Pflanzen und Tiere. Doch nicht alle Organismen, die sich im Plankton finden, sind echtes Plankton. Manche Arten leben an sich auf dem Grund oder an höheren Wasserpflanzen am Ufer. Von dort werden sie gelegentlich durch Strömung und kräftige Wellenbewegung ins Wasser hinausgetrieben und gehören eine Zeitlang der Planktongesellschaft an. Diese Arten bezeichnet man häufig Tychoplankton, z. B. *Ceratium cornutum,* die Hörnchenalge. Andere dagegen können das freie Wasser aktiv aufsuchen und vorübergehend darin leben. Man nennt sie fakultatives Plankton. Hierher gehören die Grünalge *Pediastrum duplex* und der Blattfußkrebs *Chyodorus sphaericus.*
Fast in allen Gewässern gibt es Planktonorganismen: im Süßwasser wie im Seewasser, sogar in Salinen, in sehr nährstoffreichen Gewässern und auch im nährstoffarmen Süßwasser. Selbst in sehr klaren Hochgebirgsseen gibt es wohlentwickelte Planktongesellschaften. Manche Formen gedeihen im kalten Polarwasser, andere dagegen überleben noch in warmen Quellen bei Temperaturen bis +80° C.
Phytoplankton besteht nur aus mikroskopisch kleinen Algen. Manche Arten bilden jedoch größere Kolonien, die dann mit bloßem Auge sichtbar sind. Im Zooplankton gibt es deutliche Größenunterschiede zwischen den einzelnen Formen. Von den größeren Tieren sind viele, z. B. Ruderfußkrebse und Blattfußkrebse, auch ohne Mikroskop gut zu erkennen.
Ohne Zweifel spielt das Phytoplankton für das Ökosystem der meisten Süßgewässer eine bedeutende Rolle. Es dient einem großen Teil des Zooplanktons als Nahrung, das Zooplankton ist seinerseits lebensnotwendige Nahrung für die meisten Fische.
Mit der Erfindung des Mikroskops, Ende des 16. Jahrhunderts, entdeckte man, daß es außerhalb der Reichweite des bloßen Auges eine Welt gibt, die uns bisher verschlossen war und die man später als Mikrokosmos bezeichnet hat. Doch mit der Systematik der Mikroorganismen befaßte man sich erst ab der zweiten Hälfte des 19. Jahrhunderts, nachdem das Mikroskop wesentlich verbessert war und die ersten feinmaschigen Planktonnetze aufkamen. Zunächst interessierte man sich für das Meeresplankton, doch um 1890 begannen umfassende Untersuchungen über die Zusammensetzung des Planktons im Süßwasser.
Die Planktonorganismen werden teils den Pflanzen, teils den Tieren zugeordnet. Oft aber ist die Zuordnung schwierig, da die Mikroorganismen vielfach Übergangsformen bilden und die Grenzen nicht eindeutig erkennbar sind. Viele mikroskopisch kleine Algen bewegen sich wie Tiere, z. B. mit Geißeln, manche leben sogar wie Tiere räuberisch. Andererseits gibt es im Süßwasser viele Tiere mit festsitzender Lebensweise.
Durchaus nicht alle Organismen des Phytoplanktons sind durch Chlorophyll grün gefärbt. Aber

viele Tiere sind grün, entweder weil sie grünliche Algen verzehrt haben oder weil sie mit Grünalgen in Symbiose leben.
Mancher mag sich fragen: Was bringt uns die Erforschung des Planktons? Die Planktonanalyse spielt heute eine wichtige Rolle bei der Beurteilung eines Gewässers, zum Beispiel bei der Beurteilung der Abwasserklärung, der Verunreinigung durch Industrieabwässer und bei der Überwachung der Seen, die zum Baden benutzt werden. Schon allein diese Beispiele zeigen, wie wichtig und hilfreich eine gute Kenntnis des Planktons ist.

Planktonuntersuchungen sind aber nicht nur nützlich, sondern bieten auch interessante Beobachtungsmöglichkeiten unter dem Mikroskop. Wie spannend ist es, ein Rädertier auf Beutejagd zu verfolgen oder die Geburt eines Blattfußkrebses mitzuerleben. Wie schön ist die zierliche Grünalge *Micrasterias.*
Hinzu kommt – Plankton gibt es das ganze Jahr über, auch im kältesten Winter. Obwohl die Artenzahl während der kalten Jahreszeit geringer ist, bietet das Winterplankton reiche Erlebnismöglichkeiten, und man braucht die Untersuchungen im Winter nicht zu unterbrechen.

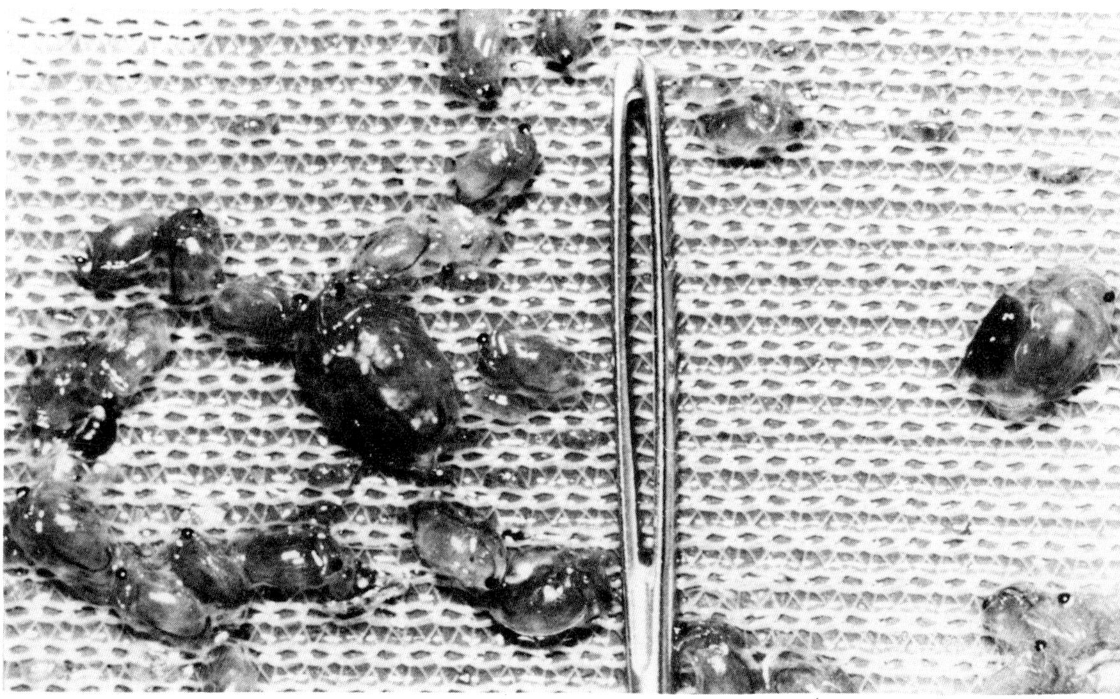

Im Vergleich mit einem Nadelöhr sind auch die größten Planktonorganismen noch klein. Hier sieht man einige Blattfußkrebse, die in einem grobmaschigen Netz gefangen wurden.

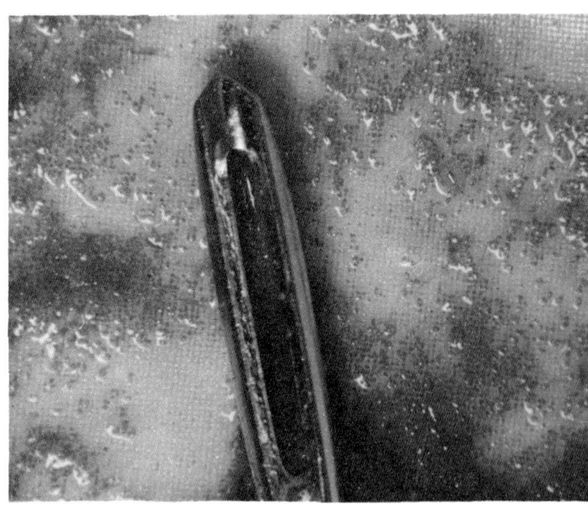

Die meisten Planktonorganismen jedoch sind wesentlich kleiner und mit bloßem Auge nicht sichtbar. Hier eine Ansammlung von Planktonorganismen, die in einem Planktonnetz mit einer Maschenweite von 45 μm gefangen wurden.

Phytoplankton

Das Phytoplankton besteht aus kleinen, meist einzelligen Algenarten. Viele davon bilden Kolonien mit unterschiedlicher Zellenzahl. Die kleinsten Planktonalgen sind nur wenige µm groß (1 Mikrometer = 1/1000 mm). Von derselben Größenordnung wie manche Bakterien, können sie daher in einem gewöhnlichen Durchlichtmikroskop nur schwer oder gar nicht bestimmt werden. Die größten Formen dagegen werden viele hundertmal größer. Koloniebildende Algen schließen sich je nach Art zu mehrere Millimeter großen Kolonien zusammen, die mit bloßem Auge erkennbar sind.
Aus praktischen Gründen teilt man die Planktonalgen in verschiedene Größenklassen ein, je nachdem, wie man sie sammelt: Netzplankton nennt man die Algen, die in einem gewöhnlichen Planktonnetz mit einer Maschenweite zwischen 30 und 50 µm hängenbleiben. Als Nanoplankton oder Zwergplankton bezeichnet man kleinere Formen, die nur wenige µm groß werden. Noch kleinere Formen nennt man Ultraplankton oder Mikroalgen. Exakte Grenzen zwischen den verschiedenen Größen gibt es nicht.
Die echten Planktonorganismen müssen im Wasser schweben, damit sie am Leben bleiben. Die Planktonalgen haben sich in vielfältiger Form dieser Notwendigkeit angepaßt und verhindern auf diese Weise, daß sie zu Boden sinken. Beispiele solcher Anpassung sind

- Kleine Zellen
- Lange Fortsätze
- Umfangreiche Kolonieformen
- Gallerthüllen
- Einlagerung von Gas und Öl
- Schwimmfähigkeit (Geißel, Wimpern)

Alle Planktonalgen vermehren sich durch Zellteilung (vegetative Vermehrung). In gewissen Gruppen gibt es auch sexuelle Fortpflanzung, wobei männliche und weibliche Zellen zu einer Zygote verschmelzen. Diese vermehrt sich dann durch gewöhnliche Zellteilung.
Die Artenzahl der Planktonalgen variiert erheblich zwischen verschiedenen Gewässern. In nährstoffreichen Seen lassen sich mehrere hundert Arten feststellen, wenn man alle Größenklassen untersucht. In nährstoffarmen Seen kann man bei sorgfältiger Durchsicht einer Probe etwa hundert Arten finden. Die meisten Planktonalgen sind weit verbreitet und kommen in vielen verschiedenen Bereichen vor. Viele Arten fehlen in manchen Gewässern, können in anderen aber häufig vertreten sein, auch wenn der Charakter der Gewässer ziemlich gleichartig ist.
Welche Arten im Phytoplankton vorherrschen, hängt u.a. von der Jahreszeit ab. In der Regel dominieren die Kieselalgen im Frühjahr und Herbst, die Grünalgen im Spätfrühling und im Vorsommer. Im Hochsommer und Spätsommer prägen die Blaualgen das Planktonbild, wenigstens in nährstoffreichen Gewässern.
Eine Planktongesellschaft mit vielen Arten zeigt einen abwechslungsreichen Lebensraum an. Auffallend arm an Arten sind dagegen eintönige und extreme Biotope. Aber auch in solchen Gewässern können einzelne Arten zur Massenvermehrung kommen.

Die Entwicklung der Planktonalgen hängt ab von verschiedenen Umwelteinflüssen wie Temperatur, Licht und Nährstoffgehalt. Die Blaualgen z. B. gedeihen am besten in wärmeren, nährstoffreichen Gewässern, ebenso die meisten Grünalgen; Ausnahmen bilden u. a. die Desmidiaceen (Zieralgen), die salzarmes (weiches) Wasser vorziehen. Die meisten Goldalgen entwickeln sich am besten bei relativ starkem Licht und niedrigen Temperaturen. Ein großer Teil der Kieselalgen stellt ähnliche Temperaturansprüche, ist aber weniger lichtabhängig.

Die Umweltverhältnisse können das Aussehen der Algen beeinflussen. So kann z. B. die Zellgröße bei ein und derselben Art je nach Temperatur und Nährstoffkonzentration wechseln. Manche Arten entwickeln größere Zellen in kälterem Wasser und bei hoher Nährstoffkonzentration. Die Schalenform der Kieselalgen variiert u. a. je nach der Konzentration von Kieselsäure im Wasser. Auch die Entwicklung von Dauerstadien in Form von Cysten wird von der Umgebung beeinflußt. Schnelle Veränderungen wichtiger Umweltfaktoren können die Cystenbildung auslösen.
Die Planktonalgen sind zum Teil weit verbreitet. Viele Arten kommen als Kosmopoliten fast überall auf der Erde vor. Die Verbreitung kann durch fließende Gewässer erfolgen oder durch Vögel und andere Tiere, die nacheinander verschiedene Gewässer aufsuchen. Viele Arten werden durch den Wind verbreitet, vor allem solche, die Dauerstadien entwickeln. In neuerer Zeit sorgt auch der Mensch für die Verbreitung von Planktonalgen durch Ballastwasser, das die Schiffe bei Bedarf abgeben.

Für die Größenangabe wird in der Regel als Längeneinheit 1 µm (= Mikrometer) benutzt. 1 µm = 0,001 mm

Die Hauptgruppen des Phytoplanktons

Blaualgen *Cyanophyta*

S. 28–33

Die Blaualgen sind eine sehr alte Algengruppe, die mehrere primitive Merkmale mit den Bakterien gemeinsam hat.
Die Zellen enthalten außer grünen und orangen auch blaue und rote Farbstoffe, die wasserlöslich sind und den Algen ihre besondere Farbe geben. Die meisten Blaualgen sind mehr oder weniger olivgrün, es gibt aber auch völlig blaue und rötliche. Bei Wasserblüte bilden sich häufig blaugrüne oder türkisfarbene Gürtel toter Algen längs der Ufer.

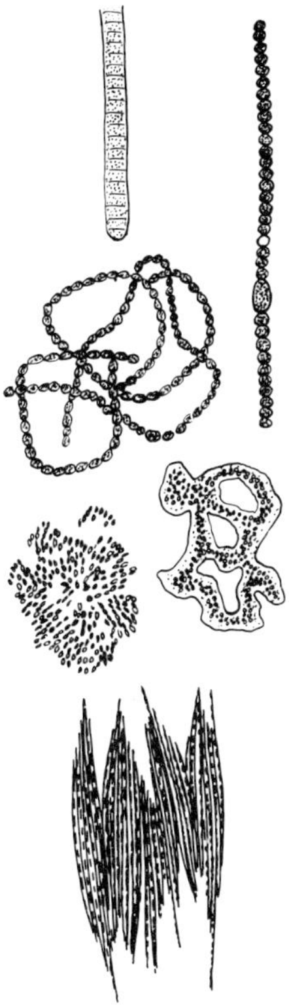

Bei vielen Blaualgen enthalten die Zellen Gasvakuolen, kleine gasgefüllte Blasen. Durch sie werden die Algen leichter als Wasser und kommen an die Oberfläche. Strömung und Wellenbewegung treiben solche Algen in die Buchten und an andere geschützte Stellen, wo sie zu einer dickflüssigen, nach und nach stinkenden Brühe werden.
Einige Blaualgen bilden giftige Stoffe, die andere Algen, vor allem Grünalgen in ihrer Entwicklung hemmen. Die Gifte sind bisweilen so stark, daß Tiere, die von dem Wasser trinken, sterben.
Wie manche Bakterien können auch viele Blaualgen Stickstoff binden. Sie nehmen ihn in gelöster Form auf. Die meisten Pflanzen können Stickstoff nur als Nitrat- oder Ammoniumion nutzen. Da Stickstoff zusammen mit Phosphor einer der wichtigsten Nährstoffe für Algen ist, oft aber nicht in ausreichender Menge vorkommt, können die Blaualgen, die Stickstoff binden, bei Stickstoffmangel andere Algen leicht unterdrücken.
Algen, die Stickstoff binden können, findet man vor allem in den Gattungen *Aphanizomenon* und *Anabaena.* Sie entwickeln eine besondere Art von Zellen, sogenannte Heterocysten, die für die Stickstoffbindung besonders wichtig sind.
Die meisten Blaualgen gedeihen am besten im warmen Wasser und erreichen ihre stärkste Entwicklung im Sommer, vor allem in nährstoffreichen Seen, die den meisten Blaualgen günstige Lebensbedingungen bieten. Manche Arten verursachen dort die bekannte Wasserblüte. Meist sind es Vertreter der Gattungen *Oscillatoria, Coelosphaerium, Microcystis, Anabaena* und *Aphanizomenon.* Wenn *Oscillatoria* zur Massenvermehrung kommt, ist das manchmal ein Zeichen, daß das Wasser eutrophiert ist. Auch in nährstoffarmen Gewässern finden sich Blaualgen. Unter gewissen Voraussetzungen können einige Arten, u.a. aus der Gattung *Anabaena,* auch in solchen Gewässern Wasserblüten verursachen.

S. 34

Kryptomonaden *Cryptophyceae*

Die Kryptomonaden sind bewegliche Planktonalgen mit zwei Geißeln verschiedener Länge, die von einer Mundöffnung auf der Unterseite der Zelle ausgehen. In der Zellwand gibt es kleine Blasen (Trichocysten), die einen giftigen Schleim und manchmal auch kleine Haken enthalten. Die Blasen können sich schnell ihres Inhalts entleeren. Die Trichocysten dienen dem Beutefang und der Verteidigung.
Die Kryptomonaden können sich sowohl wie Pflanzen als auch wie Tiere ernähren. Einige leben räuberisch von anderen Mikroorganismen und sind dann im allgemeinen farblos. Die meisten aber können wie gewöhnliche Pflanzen assimilieren und sind dann gelblich oder grünlichbraun, bisweilen auch bläulich.

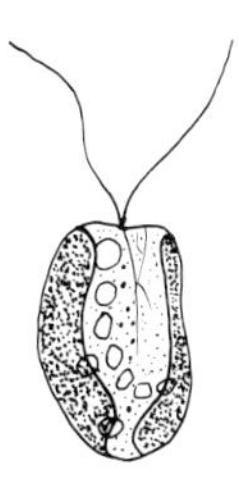

Die Kryptomonaden haben meist keine sexuelle Fortpflanzung. Sie vermehren sich durch Zellteilung.
Die Vertreter der Gattungen *Rhodomonas* und *Cryptomonas* gehören zu den am weitesten verbreiteten Kryptomonaden. Man findet sie in verschiedenen Lebensräumen. Mehrere Arten kommen in Seen in größerer Tiefe vor. Offenbar benötigen sie sehr wenig Licht. Viele *Rhodomonas*-Arten spielen eine wichtige Rolle in kalten Klarwasserseen.

Dinoflagellaten *Dinophyta*

S. 34–35

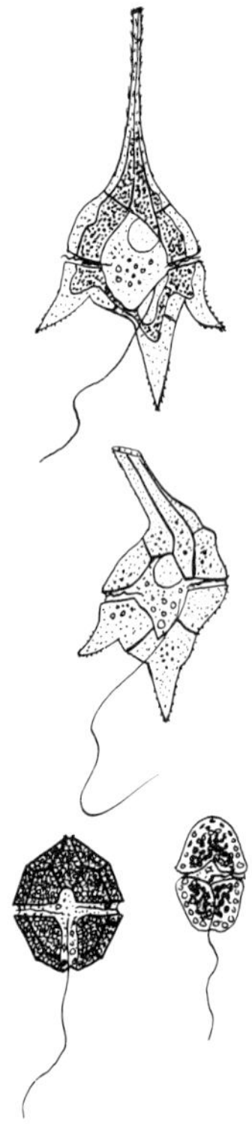

Ein markantes Merkmal der höheren Dinoflagellaten sind die durch Cellulose panzerartig verdickten Zellwände. Der Panzer kann aus wenigen großen Celluloseplatten bestehen, wobei jede Art ihre bestimmte Form hat *(Ceratium, Peridinium),* oder aus vielen kleinen gleichförmigen Platten *(Glenodinium).* In gewissen Fällen haben die Dinoflagellaten aber gar keinen Panzer *(Gymnodinium).*
In der Mitte der Bauchseite entspringen zwei Geißeln. Die Zuggeißel, die bei Bewegung nach vorn gebraucht wird, verläuft in einer Längsfurche. Die Steuergeißel liegt in einer Querfurche und sorgt für eine rotierende Bewegung beim Schwimmen.
Sexuelle Fortpflanzung gibt es, soweit man weiß, bei den im Süßwasser lebenden Dinoflagellaten nicht. Sie vermehren sich durch Teilung. Die nackten Arten teilen sich schräg zur Längsachse, die gepanzerten schieben ihre Panzerhälften auseinander, und die Tochterprotoplasten bilden die fehlenden Hälften neu, oder sie werfen beide Hälften ab, und die Tochterprotoplasten bilden den Panzer neu.
Viele Panzerflagellaten, u.a. *Ceratium* und *Peridinium,* bilden unter ungünstigen Verhältnissen Dauercysten, sehr resistente Dauerstadien mit dicken Wänden.
Wie die Kryptomonaden ernähren sich einige Dinoflagellaten von Partikeln, die von toten oder lebenden Organismen stammen. Andere Arten verhalten sich wie Pflanzen. Auch gelöste organische Stoffe werden von manchen Arten aufgenommen.
In den Gattungen *Ceratium* und *Peridinium* gibt es Arten, die mit Hilfe ihrer wohlentwickelten Schwimmfähigkeit tägliche Vertikalwanderungen durchführen, d.h. sie kommen aus tieferen Wasserschichten an die Wasseroberfläche und umgekehrt. Auf diese Weise bilden sich bisweilen dichte Schwärme, ein Phänomen, das übrigens beim Zooplankton häufig beobachtet wird.

Raphidophyta

S. 36

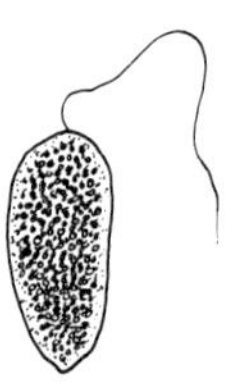

Zu dieser Gruppe gehören nur wenige, relativ große Planktonalgen. Eine der bemerkenswertesten Arten ist *Gonyostemum semen,* die sich in den letzten Jahrzehnten vermehrt zu haben scheint. Eine der Ursachen davon ist vermutlich die heutige Versauerung der Gewässer.
Gonyostemum semen kommt oft in braungefärbten, humusreichen Gewässern vor, ab und zu in großer Anzahl. Leichte Düngung des Wassers scheint die Art zu fördern. Die Zellen haben Trichocysten, die bei Badenden Hautreizungen verursachen.

Augenflagellaten *Euglenophyta*

S. 36–37

Die Augenflagellaten schwimmen mit Hilfe einer Geißel, die am Vorderpol der Zelle entspringt. Eine zweite, sehr kleine Geißel ist meist kaum erkennbar. In der Gruppe gibt es sowohl farblose (heterotrophe) als auch gefärbte (autotrophe) Formen. Die Gattung *Euglena* umfaßt viele große und in hohem Grad be-

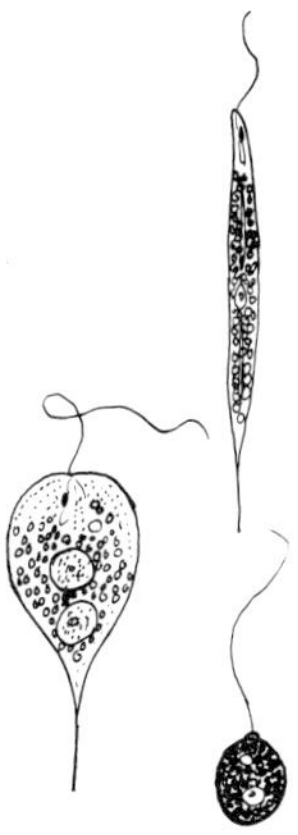

wegliche Arten. Die Algen sind meistens hübsch leuchtend grün mit einem deutlichen, rubinroten Augenfleck. In der Gattung *Phacus* sind die platten Zellen oft spitz herzförmig und mehr oder weniger gedreht. In der Gattung *Trachelomonas* sind die Zellen von runden bis ovalen, bräunlichen Schalen umgeben und manchmal mit Stacheln oder warzenartigen Bildungen ausgerüstet.
Unter ungünstigen Verhältnissen werden runde oder ovale Dauercysten gebildet, das sogenannte Palmella-Stadium. Die Euglenophyta vermehren sich durch gewöhnliche Zellteilung, die auch im Dauerstadium erfolgen kann.
Die meisten Augenflagellaten sind an nährstoffreiche kleine Gewässer gebunden. Bei kräftiger Verunreinigung z.B. von Silagen und Kuhställen können sie sich in sehr großen Mengen entwickeln. Die Gattung *Trachelomonas* kommt sowohl in Teichen als auch in größeren Seen vor.

S. 38–40

Goldalgen *Chrysophyceae*

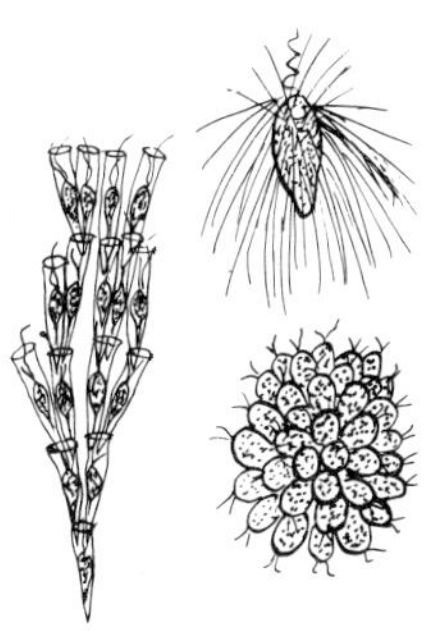

Die Goldalgen haben mehr oder weniger bewegliche Zellen, die bei den meisten Arten mit zwei Geißeln ausgerüstet sind. Einige Arten haben nur eine Geißel. Die Zellwand ist sehr dünn und enthält im Gegensatz zu den meisten anderen Planktonalgen keine Cellulose. Viele Arten umgeben sich aber mit einer Schale oder einem Gehäuse, das aus Cellulose aufgebaut ist, so z.B. in der Gattung *Dinobryon*. In anderen Gattungen, u.a. *Mallomonas* und *Synura*, bestehen die Schalen aus Kieselsäure. Viele kleinere Goldalgen haben kein Gehäuse und sind wegen ihrer geringen Größe sehr schwierig zu bestimmen. Wahrscheinlich können noch viele Arten in dieser Algengruppe entdeckt werden. In Planktonarbeiten werden diese kleinen Goldalgen häufig unter der Überschrift „kleine Monaden" zusammengefaßt. Zu den Formen, die kein Gehäuse haben, gehört u.a. *Uroglena*, deren nackte Zellen kugelförmige Kolonien bilden.

S. 41–45

Kieselalgen *Bacillariophyceae*

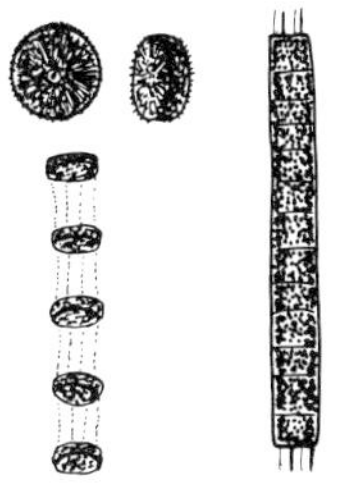

Wie der Name sagt, sind die Schalen der Kieselalgen aus Kieselsäure aufgebaut. Jede Zelle ist von zwei Schalenhälften umgeben, die wie eine Schachtel und ihr Deckel zueinander passen. In den Schalen gibt es Poren. Die Zellen enthalten ziemlich wenig Chlorophyll, der Farbstoff Karotin kommt aber in größerer Menge vor. Das Karotin verleiht den Kieselalgen zusammen mit eingelagertem Öl ihren gelben bis braunen Farbton.
Die Form und Feinstruktur der Schalen sind wichtige Kennzeichen bei der Artbestimmung. Die meisten im Süßwasser lebenden Arten können zu einer von zwei Hauptgruppen gestellt werden, nämlich den Centrales, die kreisrunde Schalen haben, und den Pennales, die längliche Schalen haben. Zu der erstgenannten Gruppe gehören u.a. *Stephanodiscus, Cyclotella* und *Melosira*. Zu den letztgenannten gehören Gattungen wie *Asterionella, Tabellaria* und *Fragilaria*. Die Form der Schalen kann bei vielen Kieselalgen in Abhängigkeit von verschiedenen Umweltfaktoren erheblich variieren.
Kieselalgen vermehren sich durch Zweiteilung. Bei vielen Arten kommen Dauerformen vor, die ganz anders als die gewöhnlichen Zellen aussehen.
Die meisten Kieselalgen können recht hohe Salzgehalte vertragen, vermeiden

aber Gewässer mit niedrigen pH-Werten. Viele Arten stellen bestimmte Ansprüche an die Nährstoffverhältnisse, so daß man sich durch Untersuchung der Schalenreste in den Seesedimenten ein Bild von den Nährstoffverhältnissen des Gewässers vor mehreren tausend Jahren machen kann.
Die meisten Kieselalgen leben mehr oder weniger festsitzend auf Steinen, Wasserpflanzen und dergleichen. Sie können aber zeitweise in das Plankton gelangen, z. B. im Zusammenhang mit kräftigen Wellenbewegungen. Viele der festsitzenden Arten können sich durch Abscheidung von Gallerte aus den Poren der Schalen langsam auf der Unterlage bewegen.

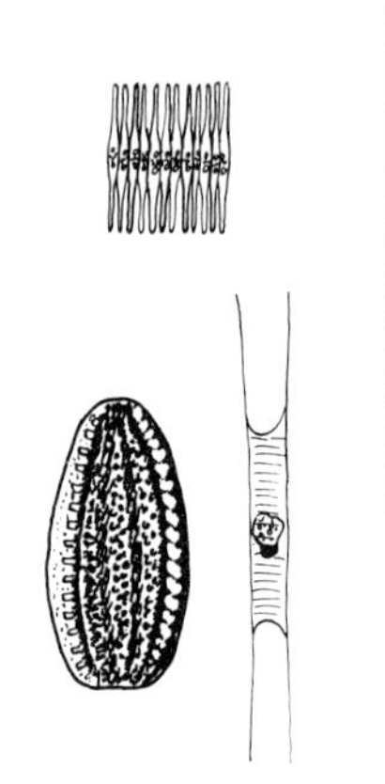

Grünalgen *Chlorophyta*

S. 46–59

Diese Gruppe ist mit mehr als 8000 bekannten Arten die größte Algengruppe des Süßwassers, von denen viele über die ganze Welt verbreitet sind. Unter den Grünalgen gibt es große Unterschiede im Aussehen zwischen den verschiedenen Gruppen. Alle sind leuchtend grün, besitzen also Chloroplasten, die aber im Gegensatz zu denen der höheren Pflanzen kleine Körperchen, sogenannte Pyrenoide, aufweisen, an deren Oberfläche sich winzige Stärkekörnchen bilden. Die Anzahl der Pyrenoide und ihre Anordnung in der Zelle sind oft gute Artmerkmale.
Die Zellwand einer Grünalge ist zweischichtig, die äußere Schicht besteht aus Pektin, die innere aus Zellulose. Einige der festsitzenden Arten sondern eine gallertartige Substanz ab, um die Ansiedlung von epiphytischen Aufwuchsalgen zu verhindern.
Die meisten Grünalgen des Planktons gehören zu den Volvocales und Chlorococcales der Klasse Chlorophyceae und zu den Zygnemales und Desmidiales der Klasse Conjugatophyceae.
Die Volvocales umfassen Algen mit beweglichen Zellen, die einzeln oder in Kolonien vorkommen. Die Zellen haben oft zwei gleich lange Geißeln, die am Vorderpol entspringen. Zu den Volvocales gehört u. a. die Gattung *Volvox.*
Die Chlorococcales umfassen Arten mit unbeweglichen, geißellosen Zellen. Häufige Gattungen sind *Scenedesmus, Pediastrum* und *Ankistrodesmus.* Die meisten Chlorococcalen ziehen warmes und recht nährstoffreiches Wasser vor.
Bei den Desmidiales sind die Zellen durch zwei Einschnitte in zwei Halbzellen geteilt und von Gallertscheiden umhüllt. Die Zellwände sind von dünnen Poren durchsetzt, die an der Oberfläche Gallertknöpfchen bilden. Unter den Desmidiales kann man Gattungen wie *Staurastrum, Cosmarium, Closterium* und *Micrasterias* erwähnen. Manche Desmidiales ziehen Umgebungen mit recht niedrigen pH-Werten vor, z. B. stark braungefärbte Seen und Moorgewässer.
Außer diesen drei Hauptgruppen gibt es unter den Grünalgen mehrere Gruppen mit fädigen Arten, die aber meist nur eine untergeordnete Rolle im Plankton spielen.
Die meisten Grünalgen vermehren sich außer durch gewöhnliche Zellteilung auch durch geschlechtliche Fortpflanzung. Diese Vermehrungsart ist besonders bei den Volvocales und Desmidiales häufig. Bei manchen Grünalgen bilden die befruchteten Eizellen, die Zygoten, Dauerstadien.

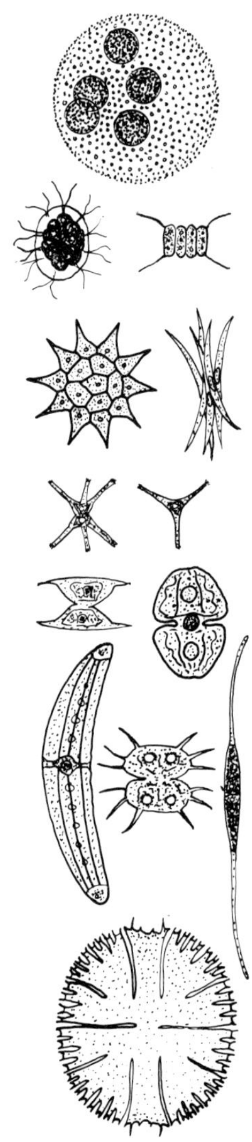

Zooplankton

Unter den Zooplanktern sind die Ruderfußkrebse und Blattfußkrebse am bekanntesten, weil sie als Aquarienfischfutter benützt werden und fälschlicherweise mit dem gemeinsamen Namen „Wasserflöhe" bezeichnet werden. Ruderfußkrebse und Blattfußkrebse gehören zur Gruppe der Krebstiere, die eine der drei großen Hauptgruppen des Zooplanktons ist. Die anderen zwei sind die Rädertiere oder Rotatoria und die Ciliaten, auch Wimpertierchen genannt.
Wie bei vielen Phytoplanktern gibt es auch bei den Zooplanktern eine Reihe von Anpassungen, die der Schwerkraft entgegenwirken, so daß die Tiere nicht zu Boden sinken. Viele Arten haben z. B. lange Fortsätze und Haare, die die Sinkgeschwindigkeit herabsetzen. Das Wichtigste ist aber die wohlentwickelte Schwimmfähigkeit der meisten Zooplankter.
Die Sinkgeschwindigkeit ist in hohem Grad von der Dichte des Wassers abhängig, und diese wird von der Temperatur bestimmt. Die Dichte des Wassers ist am größten bei + 4° C. Wenn das Wasser wärmer wird, nimmt die Dichte ab, je dichter das Wasser, desto geringer die Sinkgeschwindigkeit. Tiere die sich im Frühjahr leicht schwebend halten können, haben demnach im Sommer unter Umständen beträchtliche Schwierigkeiten, sofern sie die Sinkgeschwindigkeit nicht durch Änderung der Körperform beeinflussen können.
Viele Zooplankter können ihre Körperform je nach der Jahreszeit ändern, was wahrscheinlich eine Anpassung an die Veränderung der Dichte des Wassers ist. Eines der bekanntesten Beispiele ist *Daphnia cucullata* (s. S. 20).
Das Zooplankton ist nie gleichmäßig im Wasser verteilt. Dank ihrer guten Schwimmfähigkeit können die Tiere die für sie günstigsten Bereiche aktiv aufsuchen, vor allem hinsichtlich des Nahrungsangebots. Viele Zooplankter unternehmen regelmäßige Wanderungen im Wasser. Am Tag suchen sie die obersten Wasserschichten auf, wo das Nahrungsangebot am größten ist. Hier leben nämlich die ans Licht gebundenen Planktonalgen, die vielen Zooplanktern als Futter dienen. Nachts bewegen sich die Tiere mehr oder weniger passiv in tiefer liegende Bereiche und steigen am nächsten Tag erneut hoch.
Wie in der Phytoplanktongesellschaft variiert auch die Artenzusammensetzung der Zooplanktongesellschaft im Laufe des Jahres. Viele Arten kommen nur während einer bestimmten Zeit des Jahres vor (temporäre Arten), andere das ganze Jahr über (perennierende Arten).
Auffallend wenige der großen systematischen Tiergruppen sind im Süßwasserplankton repräsentiert. Ebenso auffallend haben sich nur wenige Arten der drei Hauptgruppen, die im Süßwasser leben, Ciliaten, Rädertiere und Krebstiere, einer planktischen Lebensweise angepaßt. Die Fauna der festsitzenden und am Boden lebenden Formen, die sogenannte Benthosfauna, ist wesentlich artenreicher.

Die Hauptgruppen des Zooplanktons

Wurzelfüßer, Amöben *Rhizopoda*

S. 60

Die Rhizopoden werden für die ursprünglichste Gruppe aller einzelligen Tiere gehalten. Die Arten, die im Süßwasser vorkommen, gehören zu einer der beiden Gruppen: Amoebida (Nacktamöben) oder Testacea (Schalenamöben).
Alle Amöben haben ein mehr oder weniger gut entwickeltes Vermögen, ihre Gestalt zu verändern. Teile der Zelle können zu Fortsätzen oder Lappen, den sogenannten Scheinfüßchen oder Pseudopodien, werden, die sich in verschiedene Richtungen vorstrecken lassen.
Unter den im Süßwasser lebenden Amöben findet man die Nacktamöben nur selten im Plankton. Von den Schalenamöben gibt es dagegen manche Arten, die man regelmäßig in den Planktongesellschaften findet, auch wenn die meisten an verschiedene Substrate gebunden sind.

Nacktamöben Amoebida
Die Gruppe wird so genannt, weil ihre Vertreter keine Schale haben. Das Aussehen der Scheinfüßchen wechselt zwischen den verschiedenen Arten und ist arttypisch, auch wenn die meisten mehr oder weniger lappige Pseudopodien bilden. Der Plasmakörper enthält eine Menge Körnchen sowie Metallsalze, Eiweiße und Fette. Es gibt keine Zellwand, der Körper wird nur von einer sehr dünnen Membran umgeben.

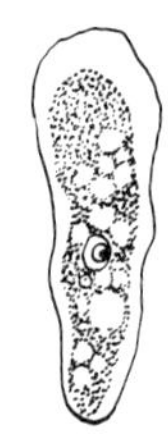

Viele Nacktamöben leben räuberisch. Eine Beute, die mit einem Scheinfüßchen in Kontakt kommt, wird sofort gelähmt und innerhalb weniger Sekunden von den Pseudopodien überrollt. Die Beute befindet sich dann in einer eng anliegenden Nahrungsvakuole. Unverdauliche Reste der Beute werden aus der Zelle ausgeschieden.
Die Nacktamöben vermehren sich nur durch Zweiteilung. Zu dieser Gruppe gehört u.a. die Familie Vahlkampfidae.

Schalenamöben Testacea
Die Schalenamöben leben in einem Gehäuse mit einer Öffnung, aus der die Scheinfüßchen hervorkommen. Das Aussehen der Scheinfüßchen variiert von Art zu Art und ist oft ein wichtiges Artkennzeichen. Auch Form und Struktur der Schale sind wichtige Merkmale bei der Artbestimmung. Viele Arten bedecken ihre Schalen mit fremden Partikeln oder selbstgebildeten Kieselsäureplättchen. Die Schalenamöben vermehren sich durch gewöhnliche Zweiteilung. Manche Arten können Gasvakuolen ausbilden und Öltropfen einlagern, was ihr Schwebevermögen erhöht.
Die Schalenamöben ernähren sich von Bakterien, Ciliaten und Planktonalgen. Von den letztgenannten machen vor allem Blaualgen, Flagellaten, Kieselalgen und Grünalgen die Nahrung aus.

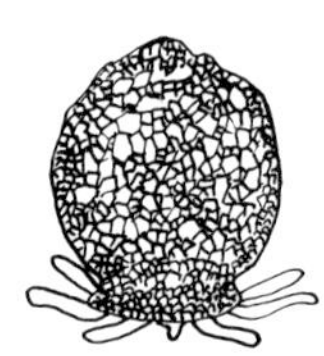

Die meisten Arten leben im Süßwasser, an Moosen und auf feuchten Böden. Nur wenige gehören regelmäßig zum Plankton und dann vorwiegend im Sommer. Hierher gehört u.a. *Difflugia limnetica,* die während des Jahres ihren Aufenthaltsort wechselt und im Sommer planktisch lebt, im Herbst, Winter und Frühling sich dagegen am Ufer aufhält. Gleichzeitig ändert sich in gewissem Maße die Schalenform.

S. 61 Sonnentierchen *Heliozoa*

Die Sonnentierchen sind eine kleine Gruppe einzelliger Tiere, deren Aussehen für Ihren Namen ausschlaggebend war. Vom kugeligen Zellkörper strahlen nach allen Richtungen viele dünne, steife Scheinfüßchen, sogenannte Axopodien aus, die durch eine feine innere Achse stabilisiert werden. Das Zytoplasma eines Axopodiums strömt an dieser zentralen Achse entlang.
Die Sonnentierchen ernähren sich u. a. von Ciliaten, Flagellaten, Rädertieren, Naupliuslarven und Jochalgen. Die Mahlzeit der Sonnentierchen ist ein merkwürdiges Ereignis. Beute, die zufällig ein Scheinfüßchen berührt, wird von einem Gift, das vom Sonnentierchen ausgesondert wird, gelähmt, worauf die steife innere Achse plötzlich verschwindet. Die verbliebene achsenlose Masse verbreitert und verkürzt sich und umfließt die Beute. So entsteht eine Nahrungsvakuole, in der Wimpertiere oft nach 20–30 Minuten, Rädertierchen erst nach über einer Stunde verdaut werden. Alles Unverdauliche wird später aus der Vakuole entfernt.

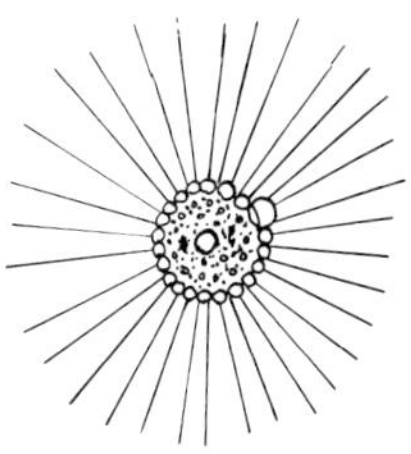

Die meisten Sonnentierchen umgeben sich mit einer Hülle, die aus Gallerte bestehen kann – oft mit eingelagerten Sandkörnern und Schalen von Kieselalgen. Einige Arten umgeben sich mit einem äußeren Skelett aus Kieselnadeln, andere haben Skelette aus Chitin. Diese „Schutzbekleidung" erschwert den Beutefang, und viele Arten leben daher in Symbiose mit einzelligen Grünalgen der Gattung *Chlorella,* den sogenannten Zoochlorellen. Bei Sonneneinstrahlung vermehren sich die Zoochlorellen übermäßig und dienen dann dem Sonnentierchen als Nahrung.
Die Vermehrung der Sonnentierchen erfolgt durch Zweiteilung, aber auch eine komplizierte geschlechtliche Vermehrung kommt vor. Unter ungünstigen Bedingungen können die Tierchen sehr widerstandsfähige Cysten bilden.
Die meisten Sonnentierchen schweben frei im Wasser, aber es gibt auch festsitzende Arten. Vertreter dieser Gruppe leben meist in seichten Gewässern, wo sie sich gern auf dem Boden oder unter Wasserpflanzen aufhalten.

S. 62–63 Wimpertiere, Ciliaten *Ciliata*

Die Wimpertiere mit ihrem komplizierten, sehr mannigfaltigen Zellbau und ihren verwickelten Lebenszyklen sind die am höchsten entwickelte Gruppe aller einzelligen Tiere. Diese Tiergruppe ist sehr artenreich und kommt häufig im Plankton vor. Die meisten Arten, die man im Süßwasser findet, sind aber an verschiedenartige Substrate wie Boden und Wasserpflanzen gebunden.
Ein gemeinsames Merkmal aller Ciliaten ist die Ausstattung mit Cilien (Wimpern). Ursprünglich bedecken sie den ganzen Zellkörper und dienen teils zum Schwimmen, teils zum Transportieren von Futter an die Mundöffnung. Bei den Sauginfusorien dagegen haben die erwachsenen Tiere keine Wimpern mehr.
Die Cilien sind in Längsreihen am Zellkörper entlang geordnet. Durch Koordination der Cilienbewegung können sich die Tiere sowohl vorwärts als auch rückwärts bewegen. Das Aussehen und die Anordnung der Cilien sind wichtige Merkmale bei der Artbestimmung.
Die Cilienbewegungen verursachen auch Wasserströmungen, die Nahrungspartikel zu der Mundöffnung des Tieres führen. Wenn die Nahrungspartikel den Unterteil der Mundöffnung erreichen, werden Bläschen gebildet, die die

Nahrungspartikel einschließen, sogenannte Nahrungsvakuolen. Das Bläschen wandert dann in das Innere der Zelle hinein, wo die Verdauung erfolgt. Unverdauliches wird an einer bestimmten Stelle aus der Zelle abgegeben. Die Wimpertiere ernähren sich u. a. von Algen, Bakterien, anderen Wimpertieren und Rädertieren. Auch Stärkekörnchen und Fetttropfen können als Futter dienen.

Die Wimpertiere können sich teils durch gewöhnliche Zweiteilung, teils durch geschlechtliche Vermehrung fortpflanzen. Die geschlechtliche Vermehrung der Wimpertiere läuft in Form der sogenannten Konjugation ab: Zwei Tiere legen sich Mundseite an Mundseite in ganzer Länge aneinander, worauf sich die Zellwände in Mundnähe auflösen und Chromosomen ausgetauscht werden können. Die Prozedur kann bei einigen Arten bis zu 15 Stunden dauern.
Außer Nahrungsvakuolen gibt es auch pulsierende Vakuolen. Diese blasenartigen Bildungen haben im Gegensatz zu den Nahrungsvakuolen einen bestimmten Platz in der Zelle, der aber von Art zu Art wechselt. Sie pumpen überschüssiges Wasser und Abfallstoffe aus der Zelle hinaus.
Die Wimpertiere können in vier Gruppen eingeteilt werden: Holotricha, Peritricha, Spirotricha und Suctoria.

Holotricha
Charakteristisch für diese Gruppe ist die gleichförmige Verteilung der Wimpern über den ganzen Körper. Es gibt keine spezialisierten Cilien um den Zellmund. Zu dieser Gruppe gehört u.a. das Pantoffeltier *Paramecium.*

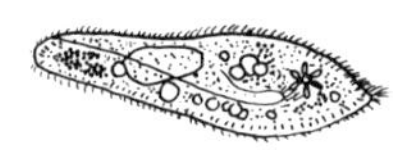
Paramecium

Peritricha
Diese Arten besitzen am Vorderende des Zellkörpers einen besonderen Bereich für die Nahrungsaufnahme: ein scheibenförmiges Feld, das Peristom. Dieses wird von einem äußeren Kranz von Wimpern umrundet, der spiralig in die Mundbucht einmündet, einen Wasserstrom zum Zellmund hin erzeugt und damit Nahrung herbeistrudelt. Die Körperbewimperung ist stark reduziert. Mit Hilfe kontraktiler ,,Muskelfäden'' kann sich das Tier schnell zusammenziehen, wenn es gestört wird. Zu dieser Gruppe gehört z. B. das Glockentier *Vorticella.*

Vorticella

Spirotricha
Kennzeichnend für diese Gruppe ist ein Band von spezialisierten Wimpern, das in leicht rechtsdrehenden Windungen am Zellkörper entlang zum Zellmund führt und zum Zellmund hin gerichtete Nahrungsströme erzeugt. Dieses Wimpernband spielt auch eine Rolle bei den Schwimmbewegungen. Zu dieser Gruppe zählt man u.a. das Trompetentier *Stentor.*

Stentor

Suctoria
Diese Gruppe bezeichnet man als Sauginfusorien. Das Aussehen dieser Tiere unterscheidet sich so stark von den anderen Ciliaten, daß man sie in eine eigene getrennte Gruppe stellt.
Die erwachsenen Tiere haben keine Wimpern mehr, aber statt dessen Saugtentakel.
Diese röhrenförmigen Gebilde können entweder über den ganzen Zellkörper verstreut oder in Bündeln gruppiert sein. Mit den Saugtentakeln, die entweder einfach oder verzweigt sein können, fangen die Tiere ihre Beute und saugen

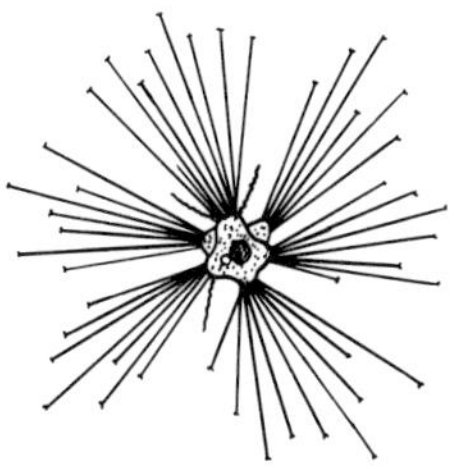

sie aus. Sie ernähren sich meistens von anderen Wimpertieren. Die Tentakel enden in kugeligen Knöpfchen, an denen die Beute leicht hängenbleibt und bewegungsunfähig wird. Durch den Tentakel werden Verdauungssäfte in die Beute hineingepumpt. Das Innere der Beute wird bald aufgelöst. Danach wird der Inhalt durch den Tentakel ausgesaugt und im Körper des Sauginfusoriums allmählich in Nahrungsvakuolen eingeschlossen.
Einige Sauginfusorien können auch mit einem Stiel an der Unterlage verankert sein. Viele umgeben sich mit Gehäusen verschiedener Art.
Die Vermehrung erfolgt durch Knospung. Neue Tiere wachsen aus ,,Knospen" aus der Mutterzelle hervor. Auf diese Weise entsteht eine bewimperte Larve, die die Ciliatennatur der Sauginfusorien zeigt. Die Knospung erfolgt bei einigen Arten außerhalb, bei anderen innerhalb der Mutterzelle.

S. 70–81

Rädertiere *Rotatoria*

Man denkt kaum an Würmer, wenn man ein Rädertier sieht, und doch bilden sie zusammen mit den Bauchhärlingen (Gastrotricha) und den Fadenwürmern (Nematodes) die große Wurmgruppe der Nemathelminthes (Schlauchwürmer).
Die Rädertiere haben ihren Namen nach dem Räderorgan, einem kranzförmigen Organ mit vielen kleinen Haaren oder Wimpern um die Mundöffnung herum. Das Tier schwingt schnell und sukzessiv die Wimpern, dadurch entsteht eine Bewegung, die wie ein sich drehendes Rad aussieht. Auf diese Weise erzeugen die Tiere Wasserwirbel, die Nahrungspartikel zum Mund bringen. Das Räderorgan variiert von Art zu Art und ist manchmal sehr kompliziert. Die meisten Rädertiere ziehen es in den Zellkörper zurück, wenn sie gestört werden. Sie leben überwiegend im Süßwasser, nur wenige kommen im Brackwasser und im Meer vor.

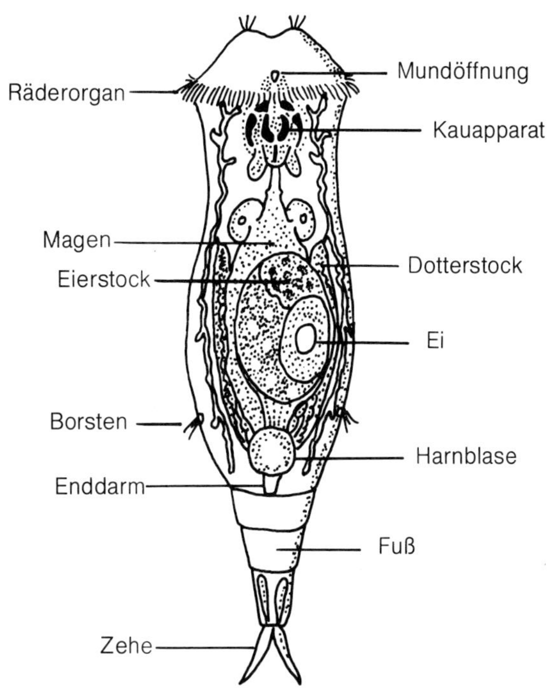

Bau eines Rädertieres (nach Ruttner-Kolsiko 1972).

Trotz ihrer Kleinheit (viele Arten werden nur $^{1}/_{10}$ mm groß) sind Rädertiere mehrzellig. Viele Rädertiere sind übrigens kleiner als manche einzelligen Tiere. Sie sind zellkonstant. Schon die aus den Eiern schlüpfenden Jungtiere besitzen die endgültige Anzahl von Zellen. Diese wechselt von Art zu Art und kann bis zu 1000 betragen.

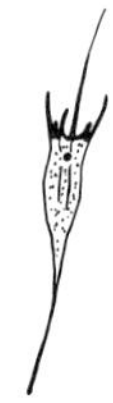

Auch wenn das Hauptprinzip dasselbe ist, variiert der Körperbau sehr mit allen möglichen Übergängen zwischen weichen, biegsamen Formen und kräftig gepanzerten Tieren. Viele Rädertiere haben auf dem Körper feinfädige Plasmaverdichtungen, Stacheln und Borsten verschiedener Art u.a. zur Verteidigung gegen Feinde. Der Hinterleib endet bei vielen Arten in einem Fuß mit einer oder zwei Zehen. Mit Hilfe ihrer 2–3 Augenflecke können die Rädertiere zwischen Licht und Dunkel unterscheiden.
Die Vermehrung vieler Rädertiere verändert sich im Lauf des Jahres nach einem bestimmten Muster, das man als zyklisch bezeichnet.

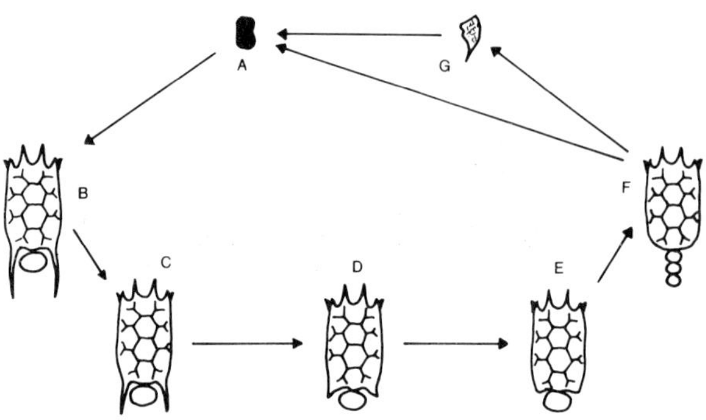

Generationswechsel bei einem Rädertier *(Keratella quadrata).* Über viele Generationen vermehren sich die Tiere parthenogenetisch (Jungfernzeugung); dann entstehen sog. miktische Weibchen (F), die haploide Eier erzeugen, aus denen Männchen (G) entstehen. Die befruchteten Eier erhalten dicke Schalen und können ungünstige Zeiten überstehen.

Viele Rädertiere haben eine sehr komplizierte Vermehrung u.a. mit verschiedenen Typen von Weibchen. Die bei weitem meisten Rädertiere, die man in einer Planktonprobe sieht, sind Weibchen, sie sind daher am häufigsten in Handbüchern abgebildet.
Die Weibchen vermehren sich während des größten Teils des Jahres durch Jungfernzeugung. Die Eier werden also abgelegt und entwickeln sich ohne Befruchtung. Aus den dünnschaligen Eiern schlüpfen neue Weibchen, die exakte Kopien ihrer Mütter sind. Sie legen ihrerseits unbefruchtete Eier ab, und diese Art der Vermehrung kann mehrere Generationen lang beibehalten werden. Viele Arten, z.B. *Asplanchna,* gebären lebende Junge. In einigen Fällen verläuft die Entwicklung so schnell, daß man schon in den ungeborenen Jungen die dritte Generation sehen kann. Lebensdauer durchschnittlich 1 Woche.

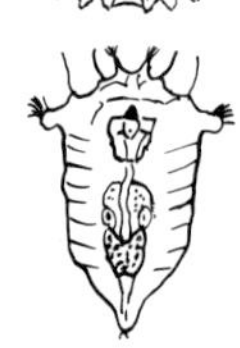

Die unbefruchteten Weibchen nennt man amiktisch. Nach und nach entwickelt sich eine neue Sorte von Weibchen, die sogenannten miktischen Weibchen, die zwei Sorten von Eiern legen können. Zuerst legen sie kleine, dünnschalige, unbefruchtete Eier, aus denen Zwergmännchen mit stark reduziertem Körperbau schlüpfen. Diese besitzen weder Mund noch After, sind beträchtlich kleiner als die Weibchen und schwimmen sehr lebhaft. Ihre einzige Lebensaufgabe besteht darin, sich mit miktischen Weibchen zu paaren. Sie die-

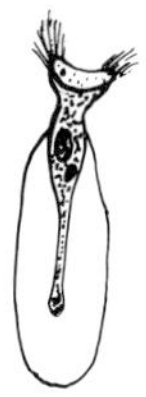

nen ausschließlich der Fortpflanzung. Die gleichzeitig vorkommenden amiktischen Weibchen üben keine Anziehungskraft auf sie aus.
Die Begattung ist eine Prozedur, die von dem, was in anderen Gruppen der Tierwelt üblich ist, abweicht. Statt das Sperma in die Geschlechtsöffnung des Weibchens zu überführen, bohrt das Männchen mit seinem Paarungsorgan in eine beliebige Körperstelle des Weibchens ein Loch, durch welches das Sperma entleert wird. Das Weibchen legt dann befruchtete Eier ab, die sehr dickschalig sind und Kälte- wie auch Trockenperioden und andere ungünstige Bedingungen gut vertragen. Die Produktion von Männchen beginnt, wenn die Umweltbedingungen sich verschlechtern, z. B. wenn eine zeitweilige Wasseransammlung auszutrocknen beginnt. Meist bestimmen aber Temperatur und Nahrungsangebot die Produktion von Männchen. Viele Arten bringen daher im Herbst Männchen hervor. Die sehr widerstandsfähigen Dauereier sind daher Überwinterungsstadien. Wenn die Umweltbedingungen wieder günstig werden, oft im Frühling, gehen neue, amiktische Weibchen aus den Dauereiern hervor. Äußerlich lassen sich amiktische und miktische Weibchen nicht voneinander unterscheiden.
Unter den Rädertieren gibt es sowohl Räuber als auch Pflanzen- und Detritusfresser (Detritus sind die sich zersetzenden Reste von Tieren und Pflanzen). Für einige Arten sind auch Bakterien eine wichtige Nahrung. Ein großer Teil der planktischen Rädertiere ernährt sich hauptsächlich von Kryptomonaden.
In Schweden gibt es etwa 950 im Süßwasser lebende Rädertier-Arten, von denen höchstens hundert planktisch sind. Die übrigen gehören zur substratgebundenen Fauna (Benthosfauna), viele Arten gelangen aber vorübergehend in das Plankton.

S. 82–95

Krebstiere *Crustacea*

Die planktischen Krebstiere, die im Süßwasser vorkommen, gehören zu zwei Hauptgruppen: den Wasserflöhen (Cladocera) und den Hüpferlingen (Copepoda).

S. 82–91

Wasserflöhe *Cladocera*

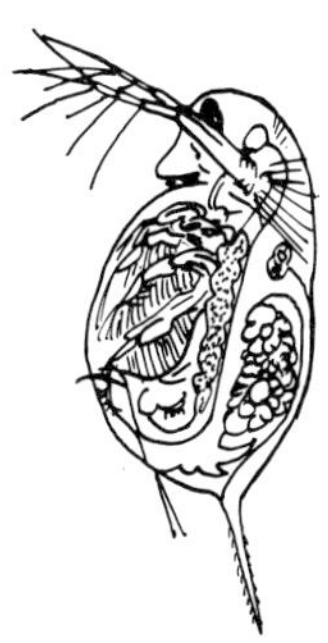

Die Wasserflöhe oder Daphnien, wie sie auch genannt werden, kommen in fast allen Gewässern vor, wo die Verhältnisse nicht zu extrem sind. In der Frühzeit der Planktonforschung interessierte man sich besonders für die Wasserflöhe, und im Laufe der Jahre wurden viele systematische wie auch biologische und ökologische Untersuchungen durchgeführt.
Eines der charakteristischen Merkmale der Wasserflöhe ist das kräftig entwikkelte 2. Antennenpaar, das als Schwimmorgan dient. Der Körper wird von zwei Schalenhälften umgeben, die auf der Rückseite zusammengewachsen sind. An der Bauchseite, in der Spalte zwischen den beiden Schalenhälften, haben die Tiere 4–6 Paar Beine. Der ungegliederte Hinterleib ist in der Schale frei beweglich und endet in einem Paar Krallen mit Borstenkämmen, deren Aussehen und Ausrüstung wichtige Artkennzeichen sind. Mit Hilfe der Beine, die Borsten haben, verursacht das Tier einen Wasserstrom im Spalt zwischen den beiden Schalenhälften. Das Wasser strömt zur Mundöffnung hin, wo das Tier Planktonalgen herausfiltert, die seine wichtigste Nahrung sind.

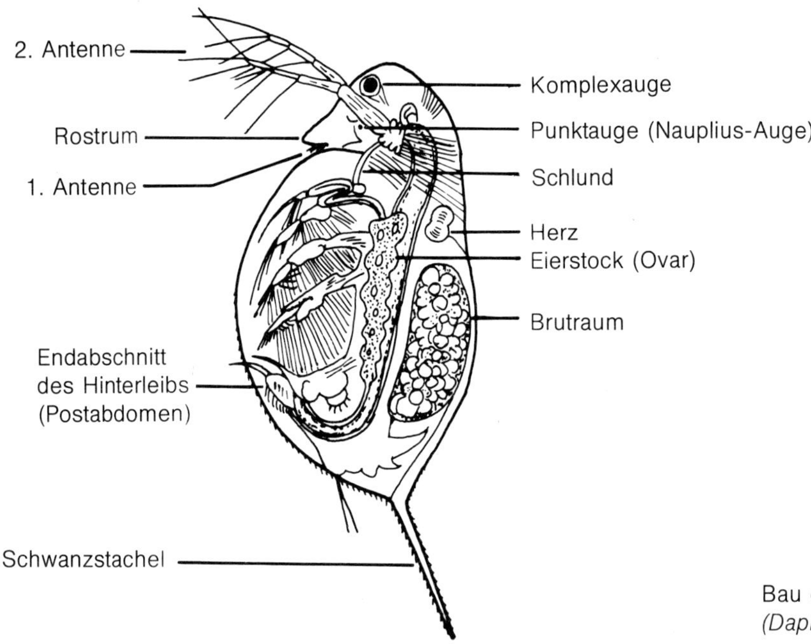

Bau eines Wasserflohs *(Daphnia)*

Bei vielen Arten variiert die Körperform je nach den vorherrschenden Umweltbedingungen. Manche Arten sind entsprechend ihren Lebensansprüchen in verschiedene Unterarten aufgeteilt.
Viele Arten der planktischen Wasserfloharten wechseln je nach Jahreszeit ihre Gestalt. Ein bekanntes Beispiel dafür ist die Formenvariation von *Daphnia cucullata.*

Die Vermehrung der Wasserflöhe folgt einem bestimmten, von der Jahreszeit abhängigen Lebenszyklus, der für jede Art erblich streng festgelegt, durch Umweltbedingungen aber variabel ist. Zum Überwintern werden große, sehr dotterreiche Dauereier gebildet. Die befruchteten Eier gelangen in den Brutraum zwischen den Schalen auf dem Rücken des Weibchens und werden hier von einer Schutzhülle, dem Ephippium, umgeben. Dabei färbt sich eine verdickte Schalenpartie dunkel, und die Außenzellen füllen sich mit Luft. Bei einer Häutung wird das Ephippium abgestoßen und steigt an die Oberfläche. Vögel verbreiten die Dauereier von einem Gewässer ins andere. Ein Weibchen kann mehrere Ephippien nacheinander bilden. Aus diesen Wintereiern schlüpfen nur Weibchen, die im Frühjahr und nach Trockenperioden aus unbefruchteten Jungferneiern neue Weibchen-Generationen hervorbringen. Die Jungweib-

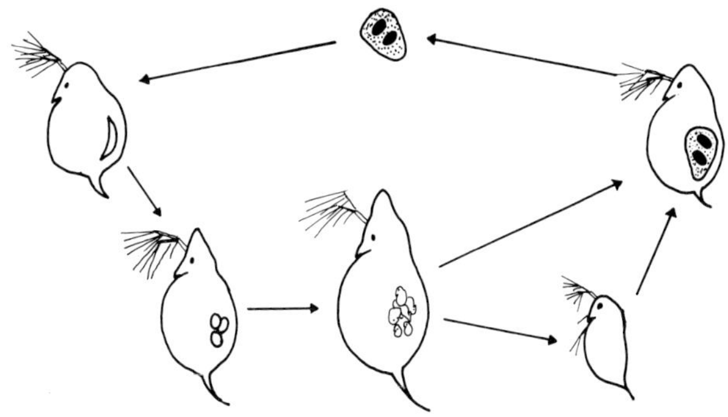

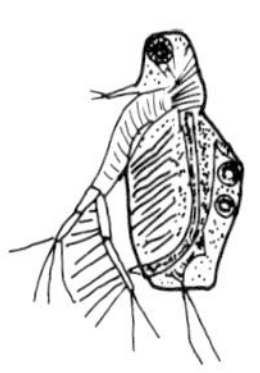

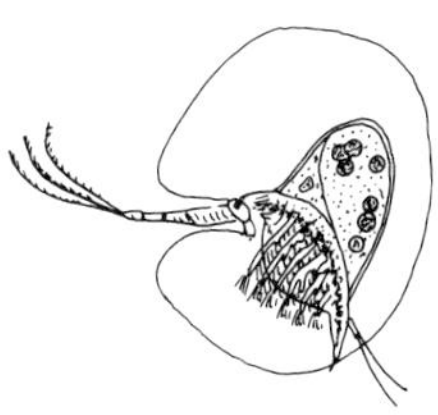

chen kommen zwar vollständig entwickelt, meist aber kleiner als erwachsene Wasserflöhe zur Welt. Auf diese Weise vermehren sich die Wasserflöhe das ganze Frühjahr und den Sommer hindurch, solange es keine Männchen gibt. Erst im Spätsommer und Herbst, wenn es kälter wird und die Nahrung spärlicher, passiert etwas Merkwürdiges: Die Weibchen beginnen plötzlich, Männchen zu produzieren. Diese paaren sich mit den Weibchen und, statt neue Junge zu produzieren, werden im Brutraum des Weibchens 1–15 Dauereier entwickelt, die sie mit einer dunklen hartschaligen Hülle umgeben, die Ephippium genannt wird. Die Anzahl der Eier variiert zwischen den Arten. Die Ephippien sinken allmählich auf den Grund, wo sie überwintern. Einige werden von den Wellen gegen das Ufer gespült, und in Gewässer, wo es viele Wasserflöhe gibt, sieht man oft im Herbst ein Band von Ephippien längs des Ufers.
Die Dauereier sind sehr widerstandsfähig und können sowohl Austrocknen als auch Gefrieren vertragen. Sie geben den Wasserflöhen auch ausgezeichnete Verbreitungsmöglichkeiten, da sie leicht z. B. im Gefieder von Vögeln hängenbleiben. Sie können auch in getrocknetem Zustand vom Wind sehr weit getragen werden. Das erklärt, warum es Wasserflöhe in fast jedem Gewässer gibt, in großen Seen, in kleinen Weihern und in zufälligen Wasseransammlungen. Es genügt, daß ein einziges Dauerei ein Gewässer erreicht, und aus dem ausgeschlüpften Weibchen kann eine individuenreiche Gesellschaft hervorgehen.
Die häufigste und bekannteste Gattung der Wasserflöhe ist *Daphnia,* aber auch andere Gattungen wie *Bosmina, Diaphanosoma* und *Holopedium* sind in vielen Gewässern verbreitet.

S. 92–95

Ruderfußkrebse, Hüpferlinge *Copepoda*

Bei den Ruderfußkrebsen sind die 1. Antennen, 5- bis 25gliedrig, in erster Linie Sinnesorgane mit zahlreichen Sinnesborsten. Bei den Schwimm- und Schwebeformen werden sie versteift als Steuer- und Schwebeorgan benutzt. Zur Fortbewegung dienen sie nicht. Die 2. Antennen sind kurz und oft zweiästig.
Die Ruderfußkrebse haben im Gegensatz zu den Wasserflöhen keine Schale. Bei freilebenden Arten ist der Körper meist langgestreckt und in Kopfbruststück, Brust und Hinterleib gegliedert. Mit einem Lichtsinnesorgan aus 3–6 Naupliusaugen können sie höchstens die Richtung des einfallenden Lichts feststellen. Manche Arten enthalten Öltröpfchen, die das Schwebevermögen erhöhen.

Auch in der Vermehrung und im Lebenszyklus unterscheiden sie sich von den Wasserflöhen. Junge Wasserflöhe sind den erwachsenen sehr ähnlich, Ruderfußkrebse nicht. Im Gegensatz zu den Wasserflöhen ist bei den Ruderfußkrebsen Jungfernzeugung äußerst selten. Die Weibchen legen Eier ab, die durch ein erhärtendes Sekret in Eisäckchen zusammengehalten werden. Aus den Eiern schlüpfen Nauplius-Larven, die ruckartig rudern. Ihr Äußeres weicht noch ganz und gar von dem der Eltern ab. Auf dem fast birnenförmigen Körper haben sie eine Mundöffnung ungefähr in der Mitte der Bauchseite. Die Larve besitzt in diesem Stadium nur drei Gliedmaßenpaare, die der Fortbewegung und Nahrungsaufnahme dienen. Sie durchläuft insgesamt 6 Stadien, jeweils durch eine Häutung getrennt. Dem letzten Nauplius-Stadium folgen 6 Cope-

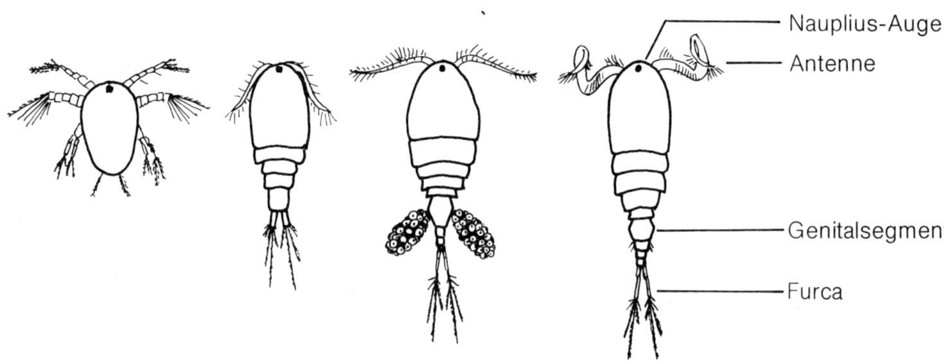

Nauplius-Stadium | Copepodit-Stadium | Weibchen mit Eisäckchen | Männchen, bei dem die Antennen zu Greiforganen umgewandelt sind

podit-Stadien. Mit jedem neuen Stadium erscheinen weitere Segmente und mehr Ruderbeine, und nach jeder Häutung wird die Copepodit-Larve dem erwachsenen Ruderfußkrebs ähnlicher. Im fünften Stadium ist sie fast fertig entwickelt, und nach einer weiteren Häutung ist das Tier geschlechtsreif und häutet sich nicht mehr. Lebensdauer 6–13 Monate.

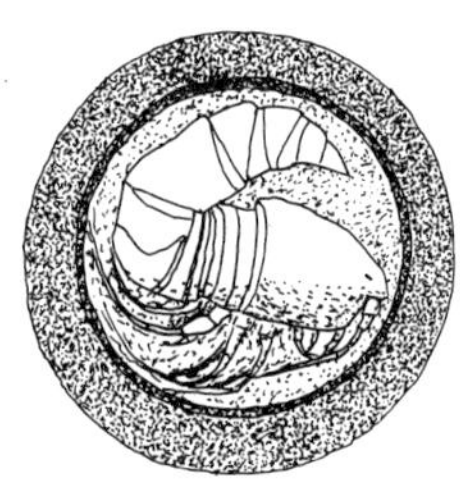

Copepodit-Larve im Ruhestadium (nach Wesenberg-Lund 1937).

Die Entwicklungszeit der insgesamt 12 Stadien variiert je nach Art, kann aber auch innerhalb einer Art variieren, da sie vor allem von der Temperatur abhängt. Bei einigen Arten kann die Entwicklung im Sommer weniger als einen Monat dauern, unter kälteren Verhältnissen dagegen 4–5 Monate. Die Entwicklungszeit dauert also je nach Jahreszeit und geographischer Lage des Gewässers unterschiedlich lange.

Unter ungünstigen Bedingungen, z. B. wenn ein Gewässer eintrocknet, überdauern die Ruderfußkrebse im Copepodit-Stadium. Sie machen dann eine Ruhezeit durch, bis erneut Wasser vorhanden ist.

Die Ruderfußkrebse vermehren sich nicht parthenogenetisch durch Jungfernzeugung wie die Wasserflöhe. Ihre Eier müssen befruchtet werden. Man findet daher während der aktiven Periode von den meisten Arten auch Männchen. Die Zeit, während der die Weibchen die Eier tragen, variiert je nach Art. Bei einigen dauert die Entwicklung nur einige Wochen, andere aber tragen die

Eier den ganzen Winter über. Bei manchen Arten lassen die Weibchen ihre Eisäckchen im Herbst fallen, gehen dann ein, und die Eier überwintern am Boden.

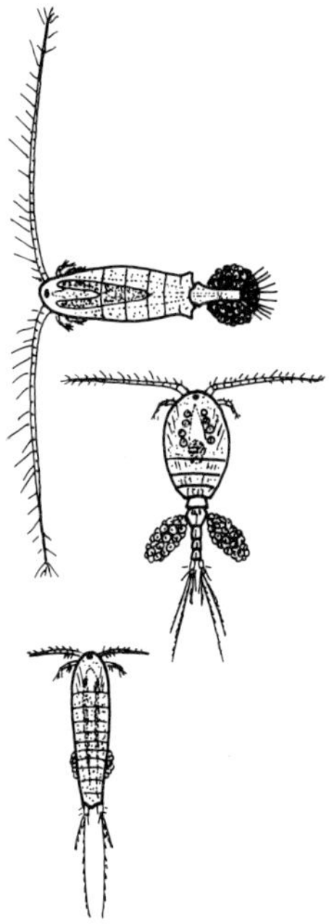

Man kann die Ruderfußkrebse in drei größere Gruppen einteilen: calanoide, cyclopoide und harpacticoide Ruderfußkrebse. Bei den Calanoida sind die 1. Antennen sehr lang und haben bis zu 25 Glieder; die rechte 1. Antenne ist beim Männchen zu einem Greiforgan umgewandelt. Die Eier werden in einem großen Eisack vereinigt, der unter dem Hinterleib getragen wird. Die Vertreter dieser Gruppe sind Planktonformen, die ihre Nahrung herbeistrudeln. Hierher gehört zum Beispiel die Gattung *Eudiaptomus.*

Bei den Cyclopoida bestehen die 1. Antennen aus 8- bis 17 Gliedern; sie sind beide beim Männchen zu Greiforganen umgewandelt. Die Eier trägt das Weibchen in zwei Säckchen. Die cyclopoiden Ruderfußkrebse leben vorwiegend in Kleingewässern, wo man auch die meisten Arten findet. Sie sind Räuber, ernähren sich aber auch von Algen und Aas. Zu dieser Gruppe gehört unter anderen die Gattung *Cyclops.*

Bei der dritten Gruppe, den harpacticoiden Ruderfußkrebsen haben die 1. Antennen nur 8 Glieder. Wie bei der vorigen Gruppe sind sie beide beim Männchen zu Greiforganen umgewandelt. Charakteristisch für diese Gruppe sind auch die undeutlich voneinander abgegrenzten Körperabschnitte. Das Weibchen trägt nur ein Eisäckchen. Die Harpacticoida sind sehr schlechte Schwimmer und kommen daher vor allem in seichten Gewässern am Boden vor, wo sie gewandt kriechen und sich durch schlängelnde Bewegungen im Substrat fortbewegen.

Wichtige systematische Gruppen der im Plankton vertretenen Kleinlebewesen

Phytoplankton

Cyanophyta (Blaualgen)
- *Chroococcales*
- *Nostocales*

Chrysophyta (Gelbalgen)
- *Chrysophyceae* (Goldalgen)
- *Bacillariophyceae* (Kieselalgen)

Euglenophyta (Augenflagellaten)

Dinophyta (Dinoflagellaten)
- *Dinophyceae* (Dinoflagellaten)

Cryptophyta (Kryptomonaden)

Raphidophyta

Chlorophyta (Grünalgen)
- *Volvocales*
- *Chlorococcales*
- *Zygnemales*

Zooplankton

Protozoa (Urtiere)
- *Rhizopoda* (Wurzelfüßer)
  - *Amoebida* (Nacktamöben)
  - *Testacea* (Schalenamöben)
- *Actinopoda* (Strahlenfüßer)
  - *Heliozoa* (Sonnentierchen)
- *Ciliata* (Wimpertierchen)
  - *Holotricha*
  - *Peritricha* (Glockentiere)
  - *Spirotricha*
  - *Suctoria* (Sauginfusorien)

Nemathelminthes (Schlauchwürmer)
- *Rotatoria* (Rädertiere)

Arthropoda (Gliederfüßer)
- *Crustacea* (Krebstiere)
  - *Phyllopoda* (Blattfußkrebse)
  - *Cladocera* (Wasserflöhe)
  - *Copepoda* (Ruderfußkrebse)
    - *Calanoida*
    - *Cyclopoida*
    - *Harpacticoida*

Die nährstoffreichen (eutrophen) **Seen** findet man vor allem in der Ebene, oft auf kalkhaltigen und nährstoffreichen Lehmböden. Die Nährstoffe stammen aus der Umgebung des Sees und werden vom Phytoplankton und größeren Wasserpflanzen aufgenommen. Viele früher nährstoffarmen Seen wurden durch Abwässer von Ortschaften, landwirtschaftlichen Betrieben und Industrieanlagen aufgedüngt, oft viel zu stark.

Einen nährstoffreichen See erkennt man vor allem am dicht bewachsenen Uferbereich. Hier bilden Schilf, Rohrkolben und Teichbinse oft dichte Bestände. Dahinter, zum offenen Wasser hin, bedecken üppig wachsende Schwimmpflanzen wie Weiße Seerose, Wasserlinse und verschiedene Laichkrautarten weite Flächen des Sees. Das reiche Nährstoffangebot zeigt sich auch in der Zusammensetzung des Planktons. Im Frühjahr und Herbst überwiegen die Kieselalgen im Phytoplankton. Sie kommen oft in so großen Mengen vor, daß das Wasser braun erscheint. *Cyclotella* (Seite 44), *Stephanodiscus* (Seite 44), *Melosira* (Seite 44), *Tabellaria* (Seite 43) und *Fragilaria* (Seite 42) sind die vorherrschenden Gattungen von Kieselalgen zu diesen Jahreszeiten. Im Sommer und Spätsommer wird das Plankton von den Blaualgen geprägt. Die Gattungen *Microcystis* (Seite 29), *Anabaena* (Seite 31) und *Aphanizomenon* (Seite 33) sind einige der wichtigsten Vertreter. In stark überdüngten, sehr nährstoffreichen Seen entwickelt sich das Plankton so üppig, daß das Wasser zu einer grünen Brühe wird. In solchen Fällen besteht dann das Phytoplankton nur aus wenigen Arten von Blaualgen, die alle anderen unterdrücken.

Die Planktonfauna der nährstoffreichen Seen enthält viele Rädertiere, wobei die folgenden Gattungen besonders hervortreten: *Keratella* (Seite 72–73), *Brachionus* (Seite 70–71) und *Asplanchna* (Seite 79). Von den Wasserflöhen (Cladocera) findet man verschiedene Arten von *Bosmina* (Seite 88–89), außerdem *Daphnia cucullata* (Seite 87), *Daphnia longispina* (Seite 86) und *Chydorus sphaericus* (Seite 89). Von den Ruderfußkrebsen (Copepoda) ist *Eudiaptomus graciloides* (Seite 92–93) typisch für derartige Seen. Die meisten Arten der Planktonfauna kommen auch in nährstoffarmen Gewässern vor.

Nährstoffarme (oligotrophe) **Seen** gibt es vor allem in kalkarmen Gebieten, wo nur wenig Nährstoffe zugeführt werden. Typisch ist ihr geringer Nährstoffgehalt und vor allem der Mangel an Stickstoff und Phosphor. Dies wirkt sich deutlich auf die Bepflanzung aus: Lichte, niedrige Schilfbestände säumen das Ufer, Plankton bildet sich nur spärlich. Das Wasser fällt auf durch besondere Klarheit. Dadurch gedeihen Rosettenpflanzen wie Brachsenkraut und Wasserlobelie am Grund und bilden hier dichte Polster. Trotz des Nährstoffmangels können Wasserblüten vorkommen, wenn auch in beschränktem Umfang. Im Frühjahr zum Beispiel kann *Uroglena* (Seite 40) reichlich auftreten, auch andere Goldalgen wie verschiedene *Dinobryon*-Arten (Seite 38) sowie die Grünalge *Volvox* (Seite 46). Kieselalgen sind dagegen nur spärlich vertreten. Von den Zieralgen findet man häufig *Closterium* (Seite 56–57) und *Staurodesmus* (Seite 58), doch selten in Massen.

Vom Zooplankton sind *Conochilus unicornis* (Seite 81), *Bythotrephes longimanus* (Seite 91), *Daphnia cristata* und *Eudiaptomus gracilis* (Seite 92) typische Vertreter für nährstoffarme Gewässer. Im übrigen findet man hier noch viele Arten mit bescheidenen Ansprüchen, die an keinen bestimmten Lebensraum gebunden sind und auch in nährstoffreichen Gewässern vorkommen.

Viele ursprünglich nährstoffarme Seen wurden schon im letzten Jahrhundert mit Nährstoffen angereichert und in eutrophe Seen verwandelt. Durch Einleiten der Abwässer aus Siedlungsgebieten, landwirtschaftlichen Betrieben und Industrieanlagen hat der Mensch in vielen Seen das Gleichgewicht total gestört, vor allem in der Nähe größerer Ballungsgebiete. Auch wenn heute viele Seen gereinigt wurden und keine Abwässer mehr zugeleitet werden, dauert es im allgemeinen doch sehr lange, bis sich ein Gleichgewicht erneut eingestellt hat. In Schweden wurden zahlreiche nährstoffarme Seen zunehmend saurer und sind heute wegen zu hohem Säuregehalt völlig frei von Fischen. Auch andere im Wasser lebende Organismen finden in solchen Seen keine Lebensmöglichkeit mehr. In vielen versauerten Seen ist daher ein kräftiger Rückgang der Planktonarten festzustellen.

Die Braunwasserseen oder die humosen Seen kommen vor allem in wald- und moorreichen Gegenden vor. Aus der Umgebung fließt braunes, humusreiches Wasser zu und verleiht dem See sein charakteristisches Bild. Die braunen Humusstoffe entstehen durch unvollständigen Abbau von abgestorbenen Pflanzen. Vor allem zwei Eigenschaften sind für die Braunwasserseen kennzeichnend: Nährstoffarmut und Sauerstoffmangel. Die Nährstoffarmut macht die Braunwasserseen mit den nährstoffarmen Seen verwandt (Seite 26). Der Sauerstoffmangel kommt vor allem in tieferen Wasserschichten vor und ist ein Merkmal für humose und nährstoffreiche Seen (Seite 25). Die Nährstoffarmut hat zur Folge, daß die Braunwasserseen, abgesehen von der Braunfärbung des Wassers, äußerlich den nährstoffarmen Seen in hohem Maße ähnlich sind. Der schüttere Pflanzenbewuchs des Ufersaums besteht in der Regel vorwiegend aus verschiedenen Arten von Seggen. Im Phyto- und Zooplankton eines ausgeprägten Braunwassersees sind mancherlei Arten enthalten, die an diesen Seentyp mehr oder weniger stark gebunden sind. Daneben gibt es aber viele Arten, die auch sonst vorkommen. Eine der merkwürdigsten Arten des Phytoplanktons ist *Gonyostemum semen* (Seite 36). Von den Goldalgen kommen Arten der Gattungen *Dinobryon* (Seite 38) und *Synura* (Seite 40) sowie mehrere Arten von Dinoflagellaten vorwiegend in Braunwasserseen vor. Die für das Phytoplankton vielleicht am meisten charakteristischen Formen findet man bei den Desmidiales (Zieralgen), und zwar in Gattungen wie *Micrasterias* (Seite 54), *Xanthidium* (Seite 59), *Cosmarium* (Seite 53), *Netrium* (Seite 55), *Pleurotaenium* (Seite 55) und *Staurastrum* (Seite 56–57). Beim Zooplankton beschränken sich vor allem zwei Arten auf humose Seen: *Trichocerca similis* (Seite 76) und *Conochiloides drossaurius* (Seite 81).
Wie viele nährstoffarme Seen versauern auch Braunwasserseen leicht. Zahlreiche Tiere und Pflanzen sind in diesem Milieu dann nicht mehr lebensfähig; die Artenzahl nimmt ab. Versuche, dem Versauern der Seen durch Kalkbehandlung entgegenzuwirken, schlugen fehl, da der Kalk durch den hohen Humusgehalt gebunden und dadurch unwirksam wird.

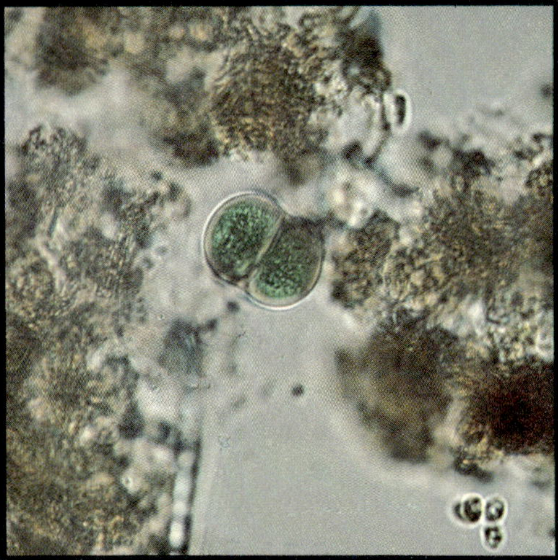

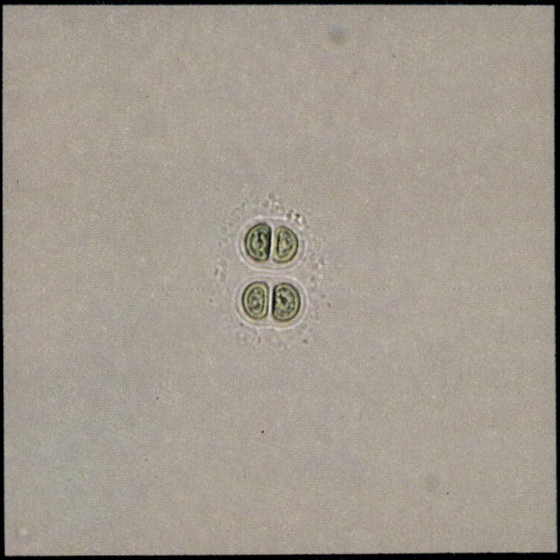

Chroococcus turgidus, Kugelblaualge. Diese primitive Blaualge besteht aus einzelnen kugeligen Zellen, die nach der Zellteilung eine kurze Zeit zusammenbleiben können und daher Kolonien mit höchstens vier halbkugeligen Zellen bilden. Die Zellen sind meist kräftig blaugrün und von einer Gallerthülle umgeben. Jede Zelle hat ohne Hülle einen Durchmesser zwischen 8 und 32 µm. Man findet die Art u. a. in nährstoffreichen Teichen. Sie lebt hauptsächlich festsitzend.

Chroococcus limneticus, Teich-Kugelblaualge, ist die gewöhnlichste Art ihrer Gattung, die etwa 25 Arten umfaßt. Die Kolonien bestehen aus 4 bis 34 blaugrünen Zellen und werden von einer gemeinsamen Gallerthülle umgeben. Die Tochterzellen, die oft nach der Teilung einige Zeit zusammenbleiben, werden bisweilen von einer eigenen Hülle umgeben. Die Zellen haben mit Hülle einen Durchmesser von 8–14 µm. Die Art kommt in nährstoffreichen Seen und Teichen vor.

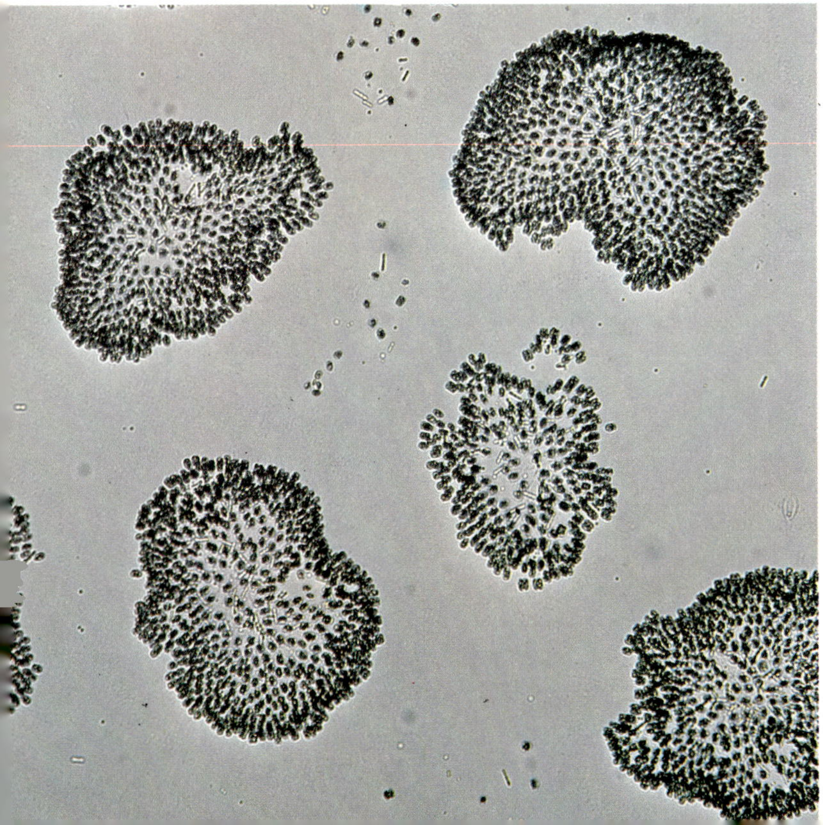

Gomphosphaeria naegeliana. Hohlkugelige Kolonien, 50–200 µm ∅, Zellen eiförmig, 3,5–8 µm lang, 1,5–5 µm breit; liegen peripher in Koloniegallerte; mit undeutlichen Gallertstielen. Im Plankton stehender Gewässer sommers oft Wasserblüten.

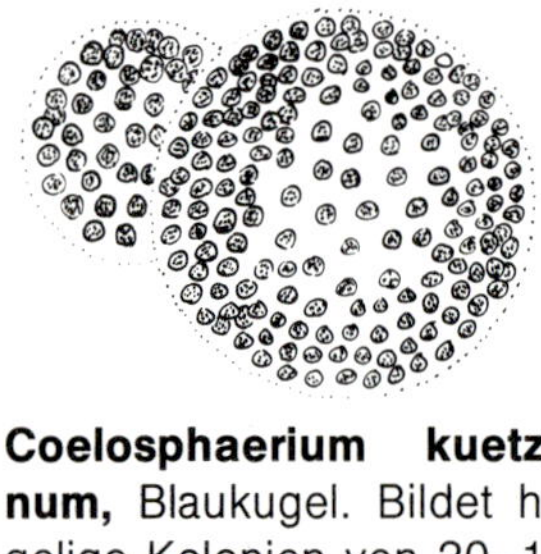

Coelosphaerium kuetzingianum, Blaukugel. Bildet hohlkugelige Kolonien von 20–100 µm ∅, die Tochterkolonien abschnüren. Zellen kugelig, 2–4 µm, blaugrün. In See, Teich, Hochmoor, Sumpf, Heidetümpel.

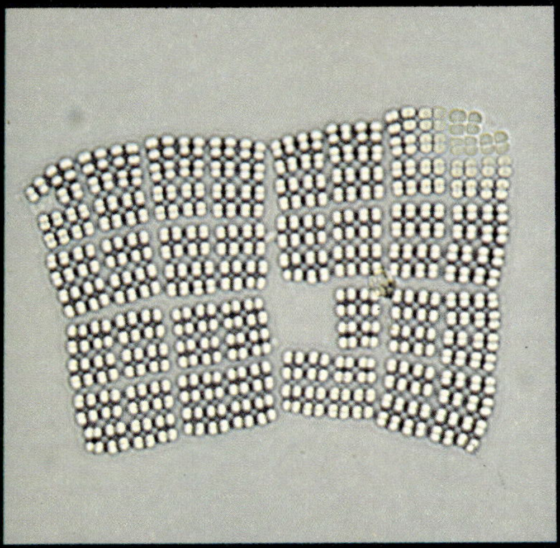

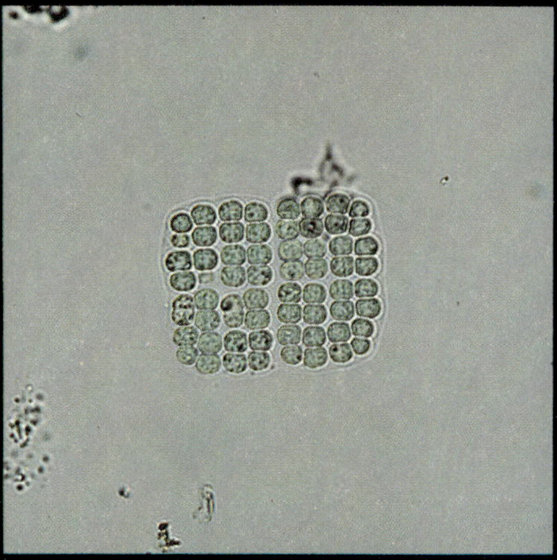

Merismopedia glauca bildet kleine Kolonien aus etwas 16 blaß-blaugrünen Zellen, die oft wie Scheiben dicht nebeneinander liegen. Die Zellen sind 3–6 µm groß und werden von einer Gallerthülle umgeben. In stehenden Gewässern; hauptsächlich festsitzende Lebensweise.

Merismopedia elegans ist der vorigen Art ähnlich. Sie hat aber etwas größere, 7–9 µm lange, lebhaft blaugrüne Zellen. Kommt in einzelnen Kolonien oft in kleineren Wasseransammlungen vor. Wie die vorige Art lebt sie oft festsitzend.

Microcystis aeruginosa. Zellen kugelig, 3–7 µm, oft mehrere Tausend in undeutlich begrenzter, netzig zerrissener Gallerthülle. In leicht verschmutzten Gewässern, mit anderen Blaualgen zusammen oft Wasserblüten bildend.

Microcystis wesenbergi. Zellen kugelig, 3–7 µm, Kolonie oft zipfelförmig, von undeutlich begrenzter Gallerthülle umgeben. Meist zahlreich in verschmutzten Gewässern und nur sporadisch in nährstoffarmen Seen.

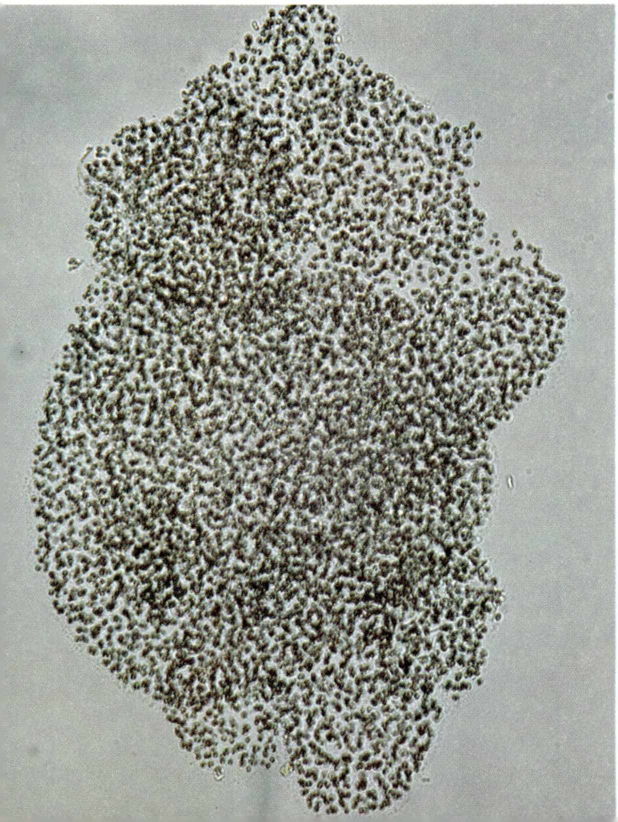

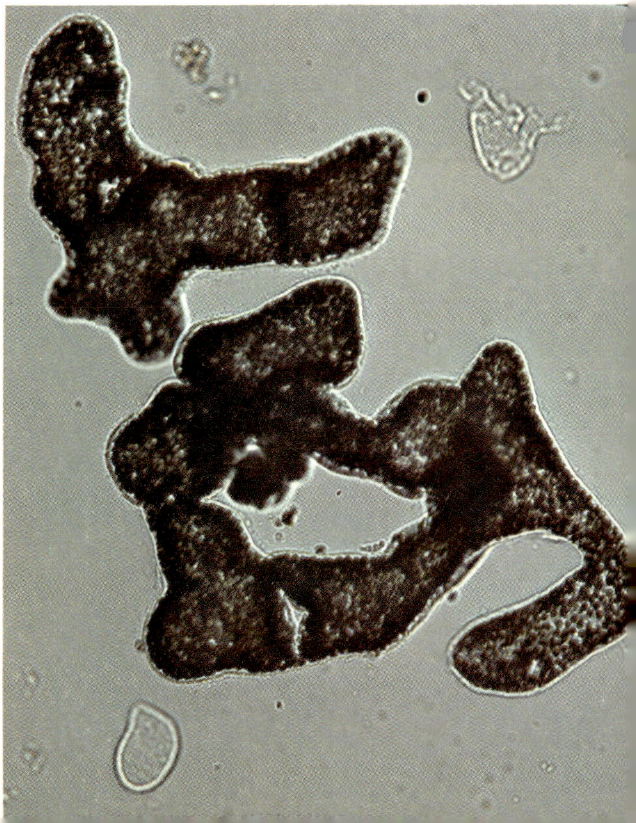

Wasserblüten werden oft durch Massenentfaltung von Blaualgen in nährstoffreichen Gewässern verursacht. Dabei häufen sich die Zellen in der oberen Wasserschicht und verhindern das Vordringen des Lichts bis in tiefere Bereiche. In Seen, die z. B. durch Abwässer aufgedüngt wurden, verschwinden dann ursprüngliche Unterwasserpflanzen wie Brachsenkraut und Wasserlobelie. Ein Teil der absterbenden Algen sinkt zu Boden und wird hier zunächst aerob, in Anwesenheit von Sauerstoff zersetzt. Dadurch entsteht im Bodenbereich allmählich Sauerstoffmangel, so daß anaerobe Prozesse, die ohne Sauerstoff ablaufen, einsetzen. Durch sie werden aus früheren, noch nicht zersetzten Bodenablagerungen Nährstoffe frei, die den See zusätzlich düngen („interne Düngung"). So bleiben viele Seen noch lange überdüngt, auch wenn die äußere Zufuhr von Nährstoffen längst aufgehört hat.

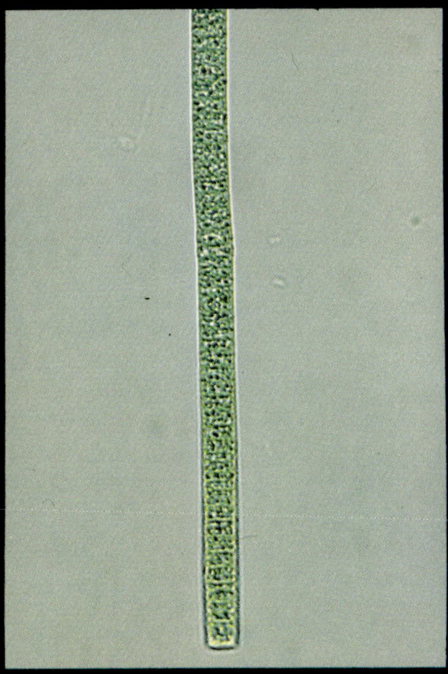

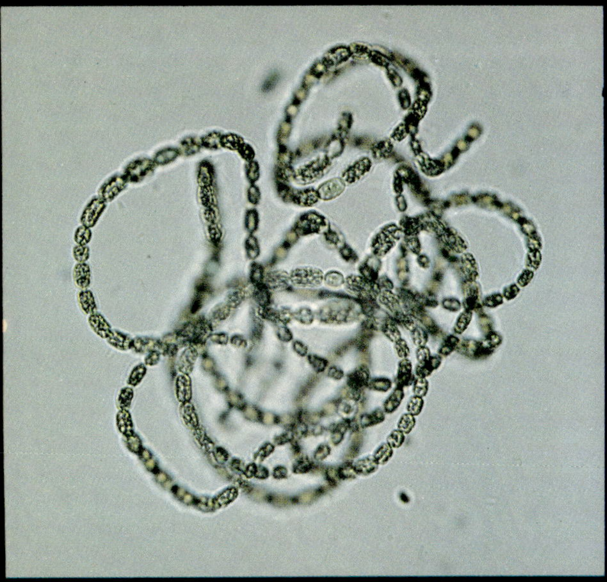

Oscillatoria. Formenreiche Gattung mit etwa 150 oft schwer bestimmbaren Arten. Fadenförmige Algen, häufig in nährstoffreichen Gewässern frei im Wasser oder auf dem Grund. *Oscillatoria agardhii* bildet bisweilen Wasserblüten.

Anabaena lemmermannii. Zellfäden zu losen Knäueln verschlungen. Sporen in der Mitte der Kolonie. Zellen kugelig bis oval, 2,5–7 µm lang. Häufig in mehr oder weniger nährstoffreichen Gewässern, bildet oft Wasserblüten.

Anabaena solitaria besteht aus einzelnen, geraden Zellfäden. Die Heterocysten sind kugelig, die Sporen aber zylindrisch. Einzelne Zellen ca. 8 µm. Die Art ist häufig im Plankton der nährstoffreichen Seen.

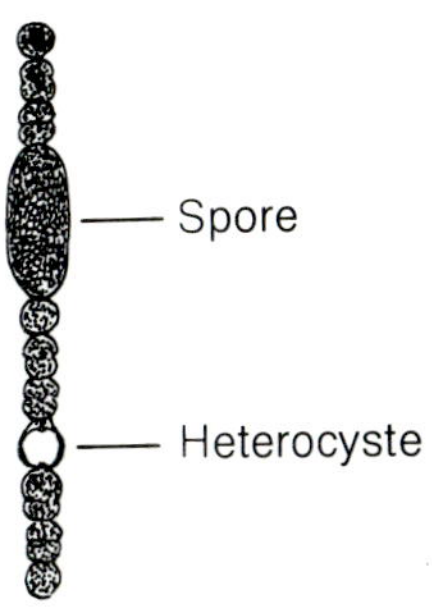

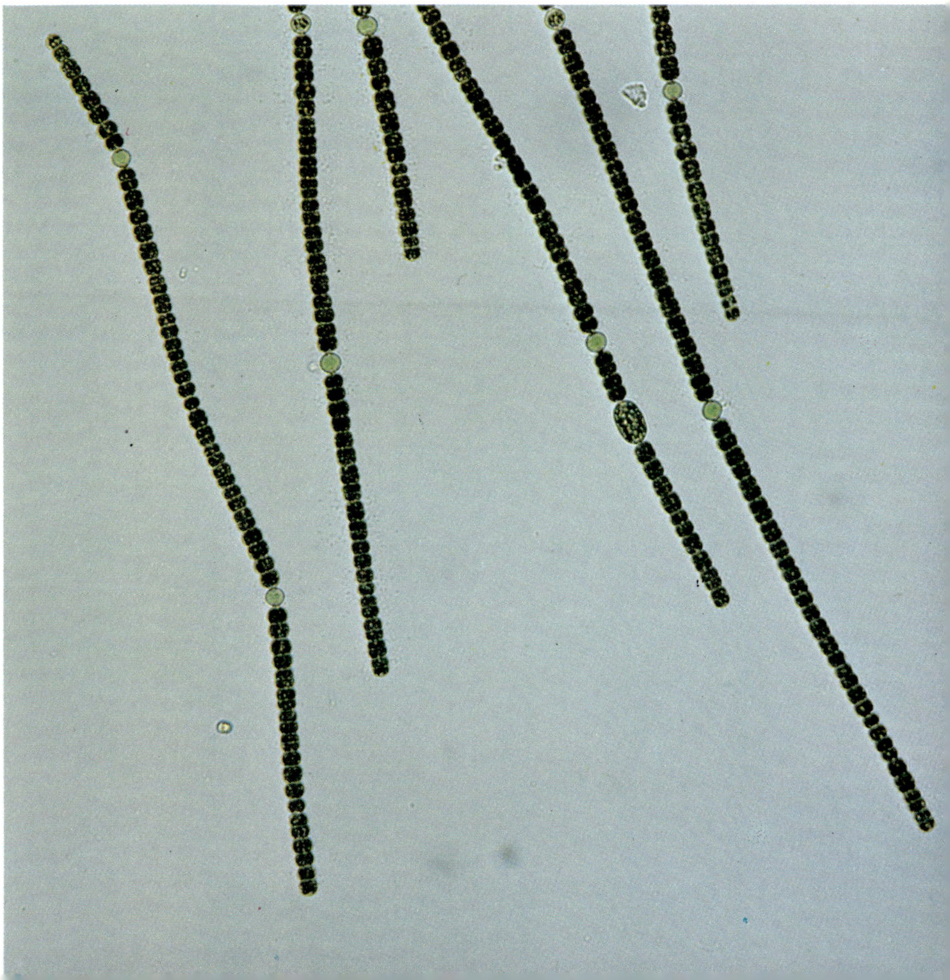

In nährstoffreichen Seen und Teichen gibt es im Sommer oft eine Massenvermehrung von Blaualgen, die Wasserblüte. Auch andere Algengruppen, z. B. Kieselalgen, können Algenblüten erzeugen. Viele Arten der Blaualgen haben Gasvakuolen, die die Zellen leicht machen und hochsteigen lassen, so daß sie sich an der Wasseroberfläche sammeln. Durch Wellenbewegung werden sie dann in geschützten Lagen zu einem dickflüssigen Brei zusammengeführt. Getrocknet sehen die Algen blaugrün aus.

Planktongesellschaft eines nährstoffreichen Teiches. Die dichten Zellbündel bestehen aus der Blaualge *Aphanizomenon flos-aquae.* Die einzelnen geraden Zellfäden sind Kieselalgen, die zur Gattung *Melosira* gehören. Die braunen eiffelturmähnlichen Zellen sind Dinoflagellaten. Es handelt sich um *Ceratium hirundinella,* die Hornalge, für die das lange ausgezogene Scheitelhorn charakteristisch ist. An der breiten Basis besitzt sie 2 oder 3 Basalhörner mit Chloroplastengruppen. Ihre äußere Form ändert sich je nach Jahreszeit.

Nur wenige Phytoplanktonarten kann man draußen ohne Mikroskop bestimmen. **Aphanizomenon flos-aquae,** die Grüne Spanalge, ist eine davon. Man erkennt sie an den dick gebündelten Zellfäden. Vergleiche die Größe der Algenkolonien mit dem Wasserläufer *(Gerris)* etwas unterhalb der Bildmitte. Zellen 5–15 µm lang, 5–6 µm breit. Heterocysten 7–20 µm, Sporen 35–80 µm. Die Endzellen der Fäden sind viel länger als die anderen Zellen (bis 150 µm lang). Diese Alge produziert wichtige organische Stoffe und wird daher häufig durch Düngung gefördert.

Die bündelförmigen Kolonien entstehen bei **Aphanizomenon flos-aquae** dadurch, daß sich die einzelnen Zellfäden seitlich zu Bündeln aneinanderheften. In stehenden Gewässern findet man, wie auf dem Bild, oft sogar mehrere Bündel miteinander verklebt.

Die stärkere Vergrößerung von **Aphanizomenon flos-aquae** zeigt unter anderem, wie die einzelnen Zellfäden lose aneinandergeheftet sind. Oft findet man auch lose Fäden in Planktonproben, die leicht mit *Oscillatoria*-Arten u. a. verwechselt werden können (vergleiche Seite 31).

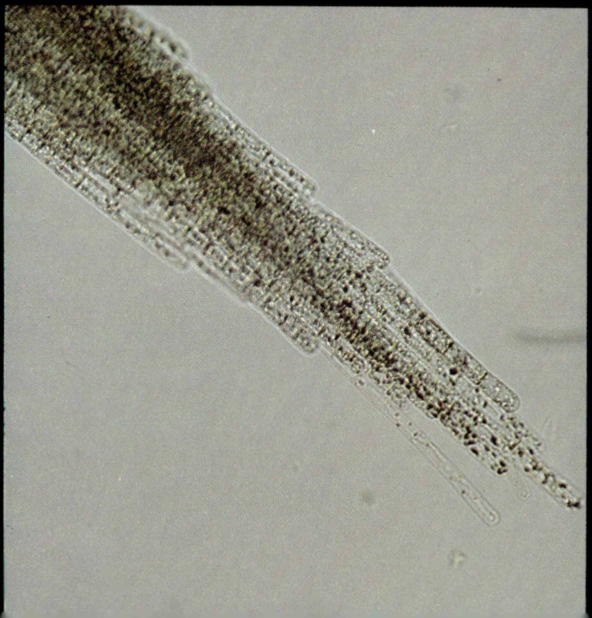

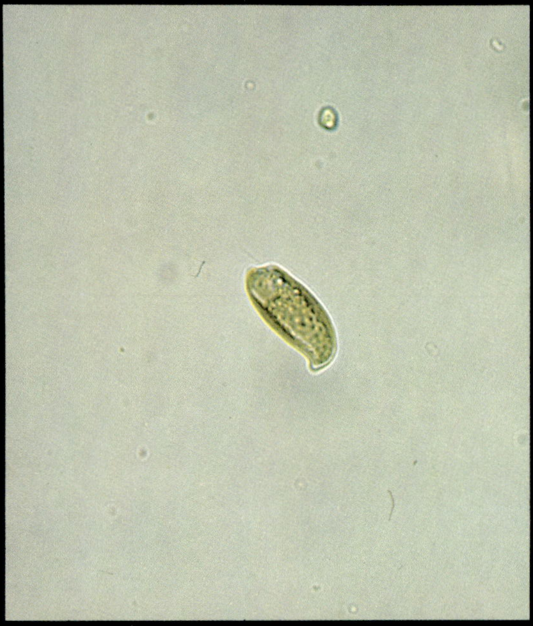

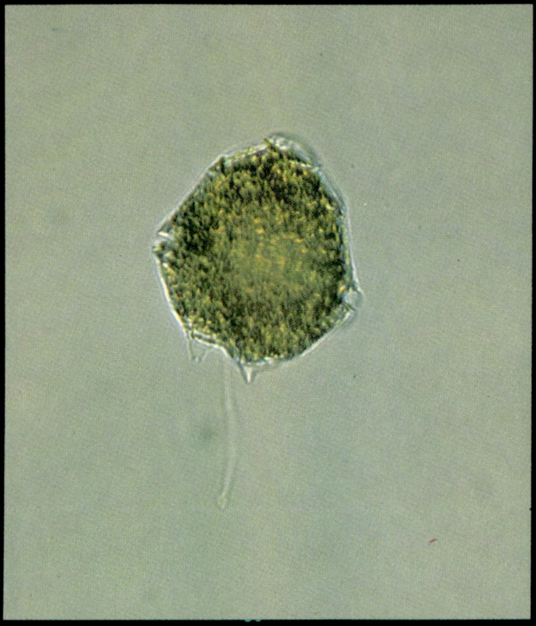

Zur Gattung **Cryptomonas** gehören nur Flagellaten. Sie umfaßt viele schwer bestimmbare Arten mit jeweils zwei Geißeln. Meist 15–80 µm lang. In Gewässern aller Art; in nährstoffreichen Teichen manche Arten massenhaft.

Peridinium gehört zu den Dinoflagellaten. Zellen kugelig bis eiförmig, von Zelluloseplatten umgeben. Form, Anzahl und Plazierung der Platten variiert zwischen verschiedenen Arten. Größe meistens 15–50 µm. Peridiniumalgen kommen in vielen Typen von Seen und Teichen vor, oft in der Nähe von Schilf und anderen Wasserpflanzen.

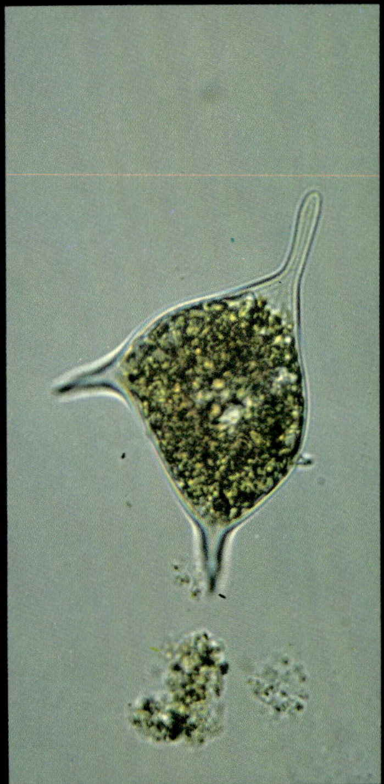

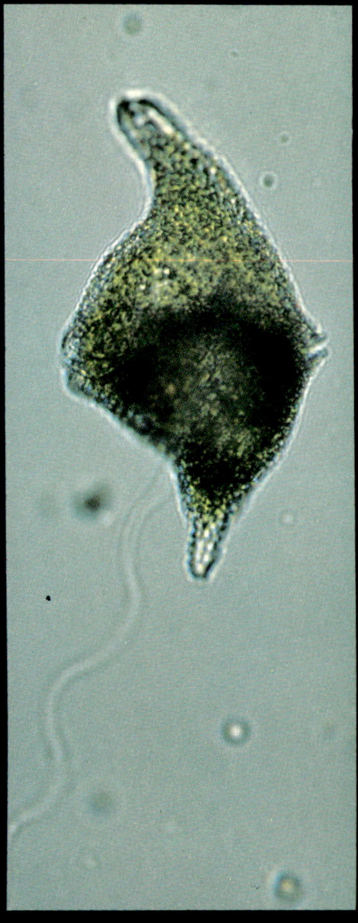

◄ **Ceratium cornutum** hat eine charakteristische, unregelmäßige Form mit dem Scheitelhorn, das deutlich zur Seite abgebogen ist. Die Zelloberfläche ist mit Zelluloseplatten bedeckt, die von mehreren Poren durchbrochen sind. 100–150 µm lang. Festsitzend, kommt selten auch im Seeplankton vor. Ziemlich häufig in kleinen Gewässern (links außen).

Viele Planktonalgen überwintern als inaktive, dickwandige Ruhestadien, Cysten. Das Bild links zeigt eine Cyste des Dinoflagellaten **Ceratium hirundinella.**

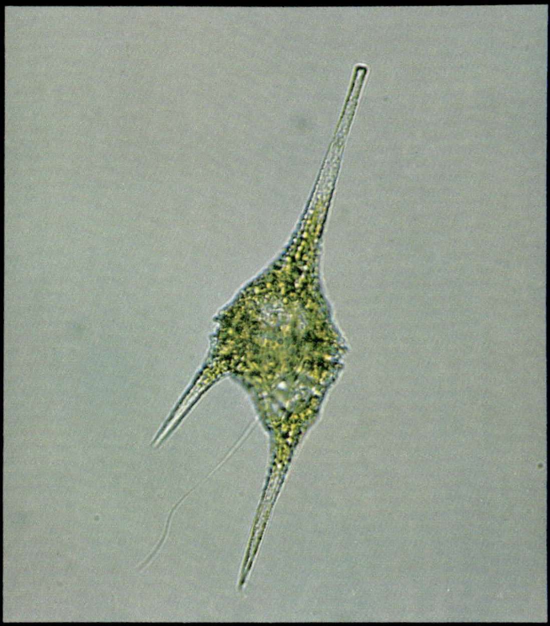

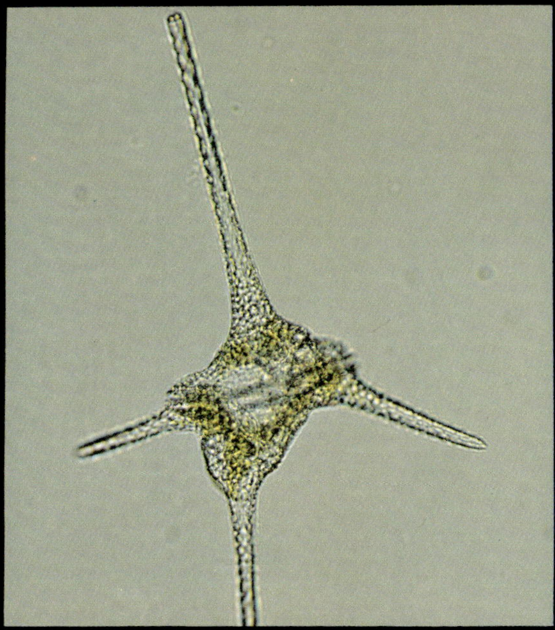

Ceratium hirundinella ändert seine äußere Form entsprechend der Jahreszeit, aber auch von See zu See, je nach Nährstoffangebot. In nährstoffarmen Gewässern treten oft schlankere Formen mit nur zwei nach unten gerichteten Hörnern auf. Die Art hat Pflanzen- und Tiereigenschaften, d.h. sie kann assimilieren, andererseits sich aber auch von kleineren Organismen ernähren. Länge 200–400 µm. Gewöhnlich in Seen verschiedener Art, am häufigsten aber in nährstoffreichen Gewässern, wo sie manchmal Wasserblüten bilden kann. ▲

Ceratium hirundinella aus nährstoffreichem (oben) und nährstoffarmem See (oben links). Vergleiche die Ausrichtung der Basalhörner. Eine Mundöffnung unter der Querfurche dient zum Verzehr größerer Organismen. Unten: In Teilung. ▲ ▼

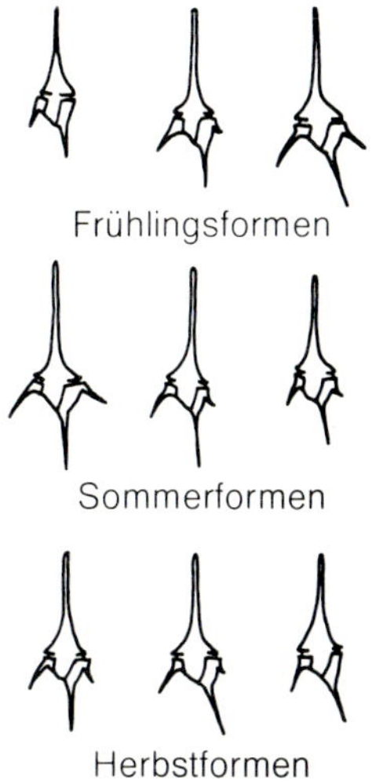

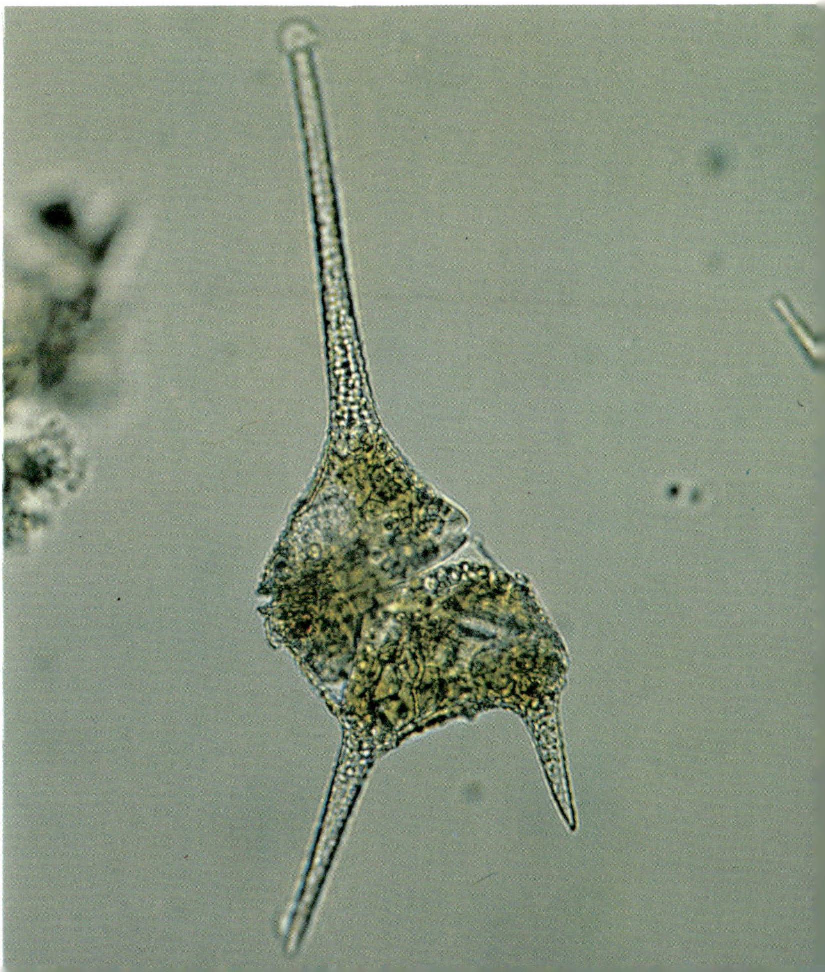

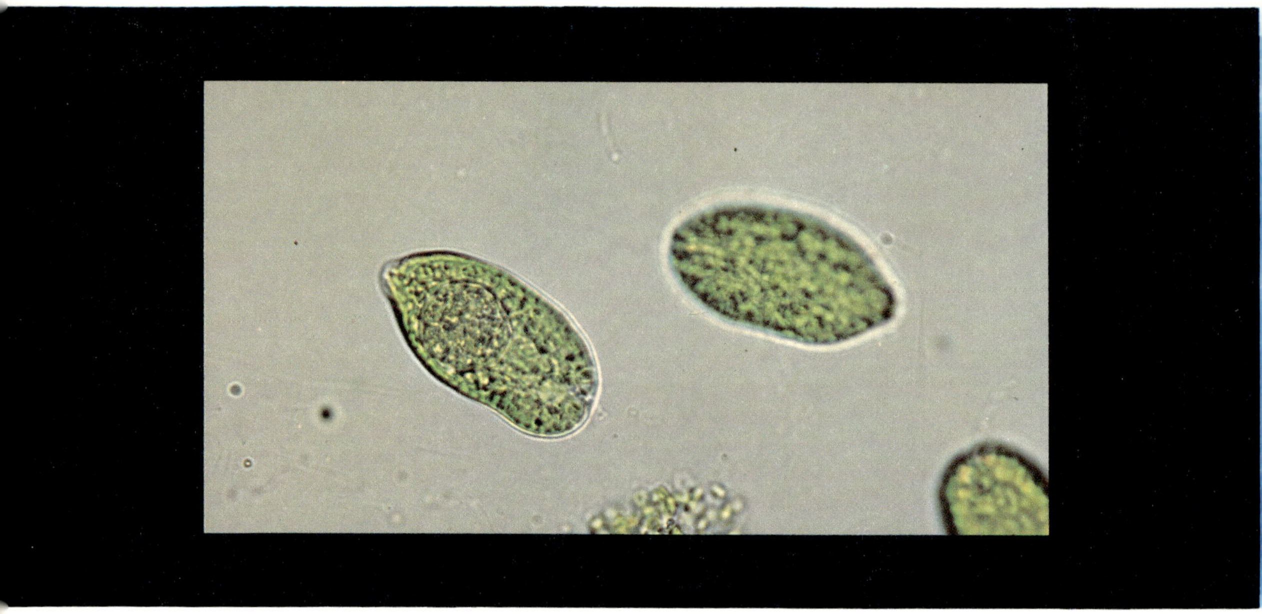

Gonyostomum semen gehört zu der Pflanzenflora der Braunwasserseen. Die grasgrünen Zellen haben sogenannte Trichocysten oder Gallertkörper, die zur Verteidigung herausgeschleudert werden, wenn die Alge gestört wird. Beim Keschern in Seen, wo es viele *Gonyostomum* gibt, verstopfen die Gallertfäden oft die Maschen des Keschers. Wenn man in diesen Seen badet, bildet die Alge einen farblosen schleimigen Überzug auf dem Körper. Unter dem Mikroskop platzen die Zellen leicht durch die Wärme der Mikroskopierlampe. Größe 40–50 µm. Erscheint vor allem während des wärmeren Teiles des Jahres mit Höhepunkt im Sommer. Kommt in versauerten Seen häufig vor.

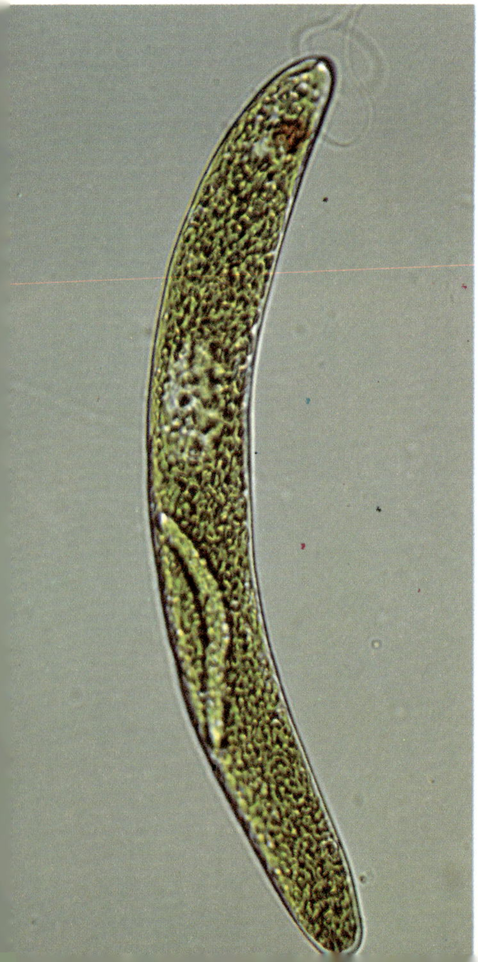

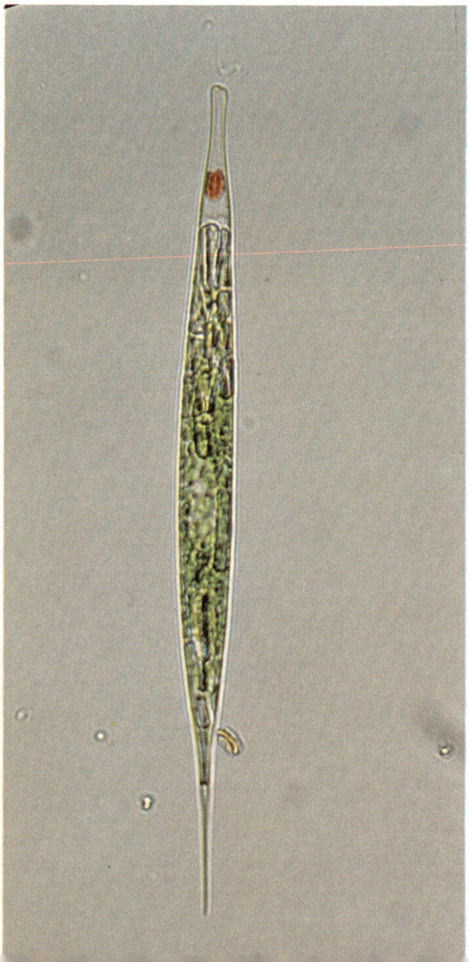

Euglena ehrenbergi (ganz links) aus einer Gattung mit über 110 Arten. Zelle langgestreckt, abgeflacht, oft in sich verdreht, mit gerundeten Enden und rubinrotem Augenfleck. Länge 170–400 µm. Geißel 1/2 körperlang. In klaren, nährstoffarmen Seen.

Euglena acus, der vorigen Art ähnlich, aber mit langspindelförmiger Zelle. 50–180 µm. Geißel 1/4 körperlang. Bewegt sich nur langsam. Wird in mehr oder weniger nährstoffreichen Gewässern angetroffen.

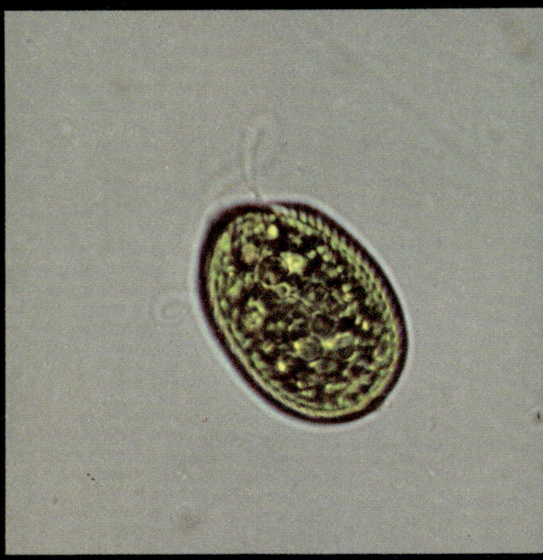

Euglena ist eine sehr artenreiche Gattung. Viele Arten bevorzugen nährstoffreiche Kleingewässer, wo sie manchmal Wasserblüten verursachen. Manche Arten findet man zufällig im Seenplankton. Das Bild zeigt eine Art mit deutlich spiralig gestreifter Zellwand. Im oberen Teil der Zelle kann man den roten Augenfleck „ahnen“.

Die Gattung **Trachelomonas** besteht aus über 250 Arten, deren Schalen sehr wechselnd in Form und Skulptur sind. Die Schalen sind meistens gelb oder rotbraun. Größe 7–65 µm. Sie kommen hauptsächlich in nährstoffreichen Gewässern vor, sowohl in Seen als auch in kleineren Gewässern und treten im Frühling oft in Massenentwicklung auf.

Die **Phacus**-Arten sind mehr oder weniger herzförmig ausgezogen, meist deutlich platt und gedreht, oft leuchtend grün mit rotem Augenfleck. 15–115 µm lang. Die meisten Arten der Gattung ziehen nährstoffreiche Gewässer vor.

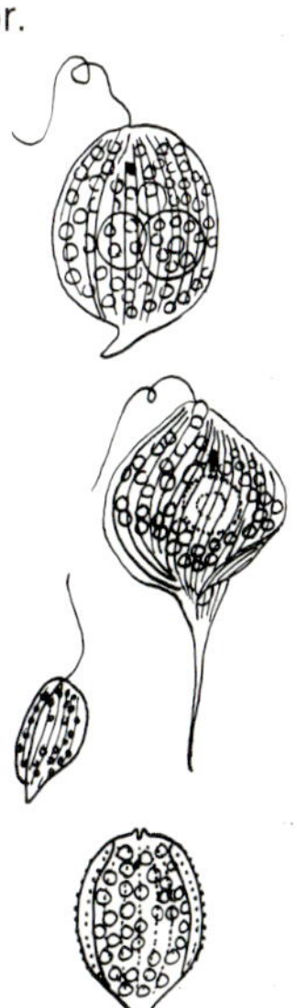

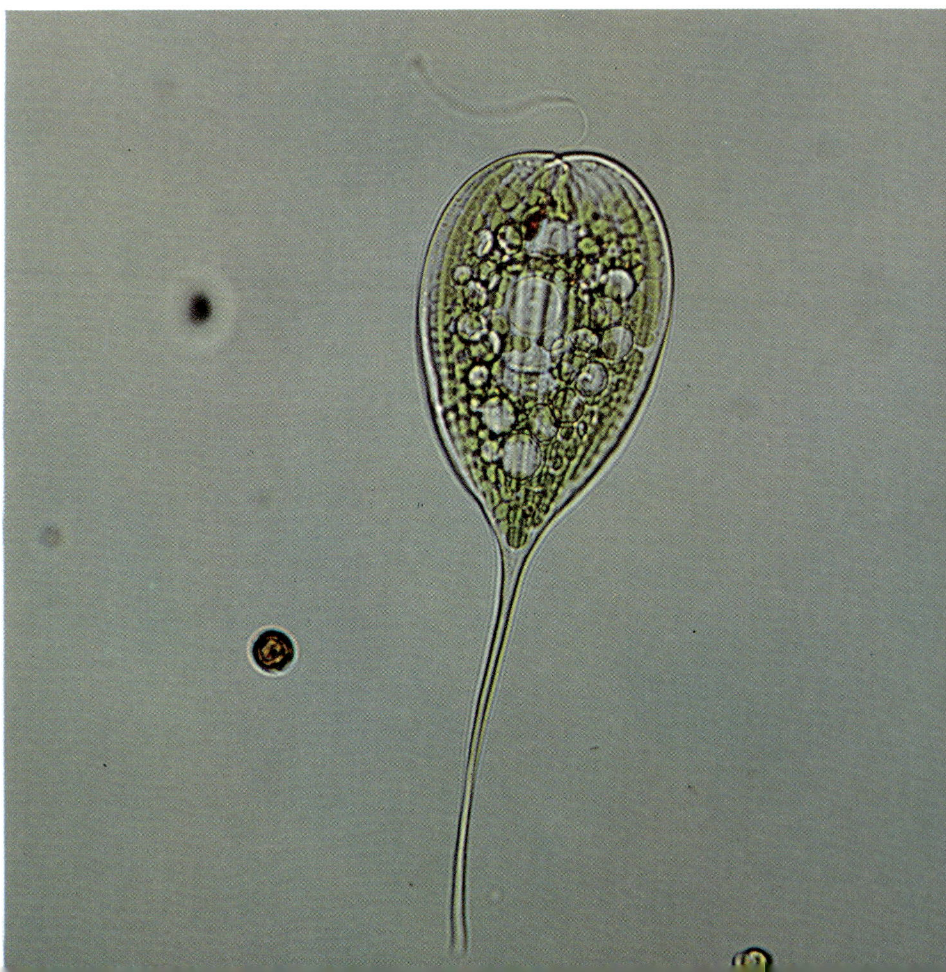

Goldalgen der Gattung **Dinobryon** bilden mit ihren becherförmigen Gehäusen oft mehr oder weniger verzweigte Kolonien. Viele Arten sind freischwimmend, andere festsitzend. Die Größe der Gehäuse variiert zwischen 20 μm und ca. 120 μm. Eine ganze Kolonie kann bis mehrere hundert μm groß sein.

D. cylindricum D. bavaricum D. divergens D. sociale

Die Gehäuse von **Dinobryon cylindricum** sind zylindrisch mit kegelförmiger Basis. Die Kolonie wird nur einige ,,Stockwerke" hoch. Kommt häufig in nährstoffarmen bis ziemlich nährstoffreichen Seen und Teichen vor.

Dinobryon bavaricum hat ein zylindrisches Gehäuse mit einem deutlich abgesetzten und allmählich verengten Unterteil. Die Kolonie ist nur wenig verzweigt. Man findet sie meistens in nährstoffarmen Seen und Braunwasserseen.

Dinobryon divergens bildet umfangreichere Kolonien als die anderen Arten der Gattung. Die einzelnen Gehäuse sind am breitesten in der Mitte und haben eine zylindrische Form mit deutlich hervortretender Basis. Kommt häufig sowohl in nährstoffreichen als auch nährstoffarmen Gewässern vor.

D. cylindricum

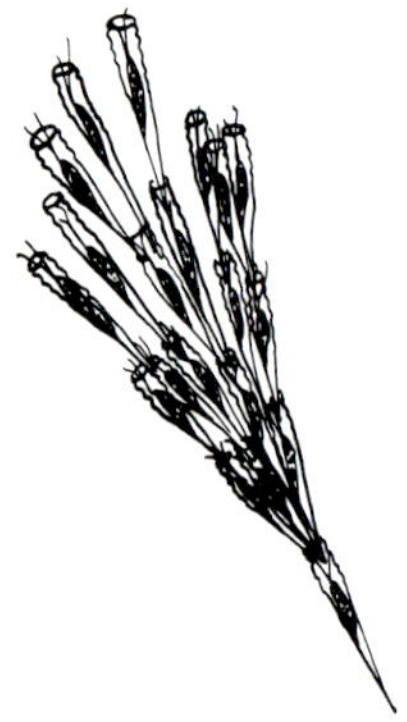

D. bavaricum

Dinobryon sociale hat tüten- oder kegelförmige Gehäuse. Häufig in nährstoffreichen (Frühjahr, Herbst) und nährstoffarmen Gewässern.

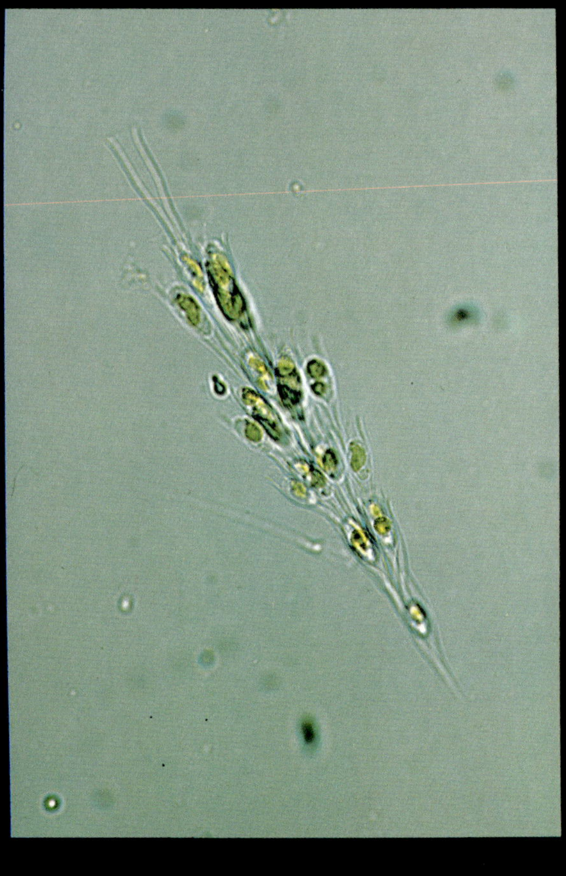

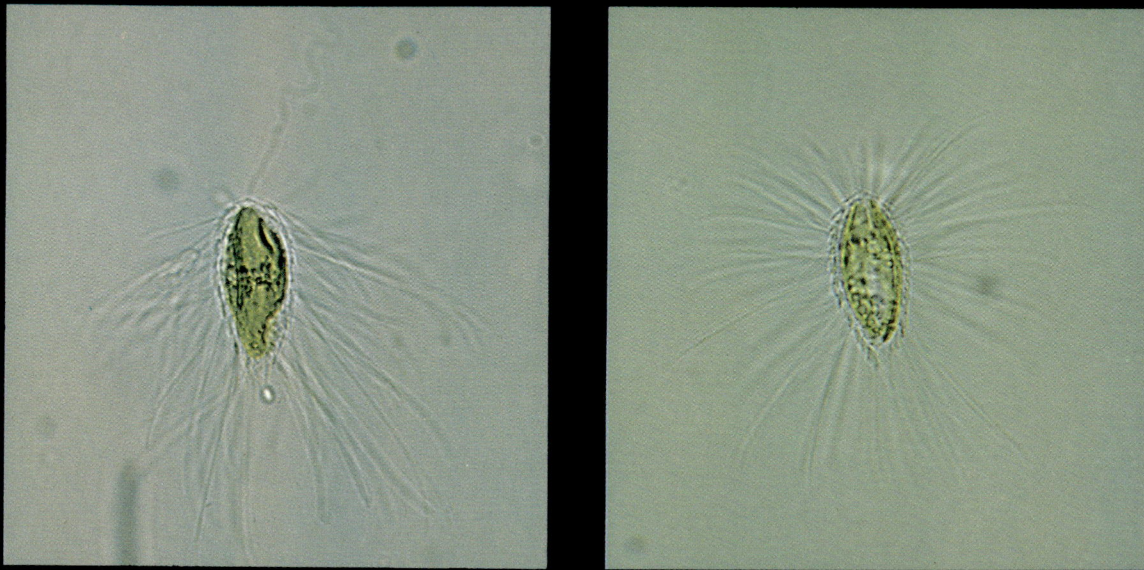

Mallomonas caudata, Geschwänzte Goldalge. Verkehrt-eiförmig, schmales Ende oft schwanzartig ausgezogen, zwei große, braungrüne Chloroplasten, kontraktile Vakuolen, vorn eine nicht kontraktile Blase und eine Geißel. Gehäuse aus Zellulose und Pektin mit eingelagerten Kieselplättchen; Kieselnadeln hohl, gebogen, gezähnt. 50–80 µm lang. Häufig in klaren Seen und Teichen, kann manchmal Wasserblüten bilden. Man findet die Art auch in Braunwasserseen.

Die Gattung **Chromulina** gehört auch zu den Goldalgen. Jede Zelle hat eine Geißel, die ungefähr körperlang ist. Einige Arten haben einen Augenfleck. 10–20 µm lang. Kommt am häufigsten in kleineren, ruhigen Gewässern vor, wo sie massenhaft auftreten kann. Auf dem Bilde kann man die kreisrunden Cysten einer *Chromulina*-Art, die u.a. in Mergelgräben vorkommt, sehen. Die bronzegelben Cysten schwimmen an der Wasseroberfläche und können diese manchmal ganz bedecken. Die Wasseroberfläche hat dann eine goldglänzende Farbe.

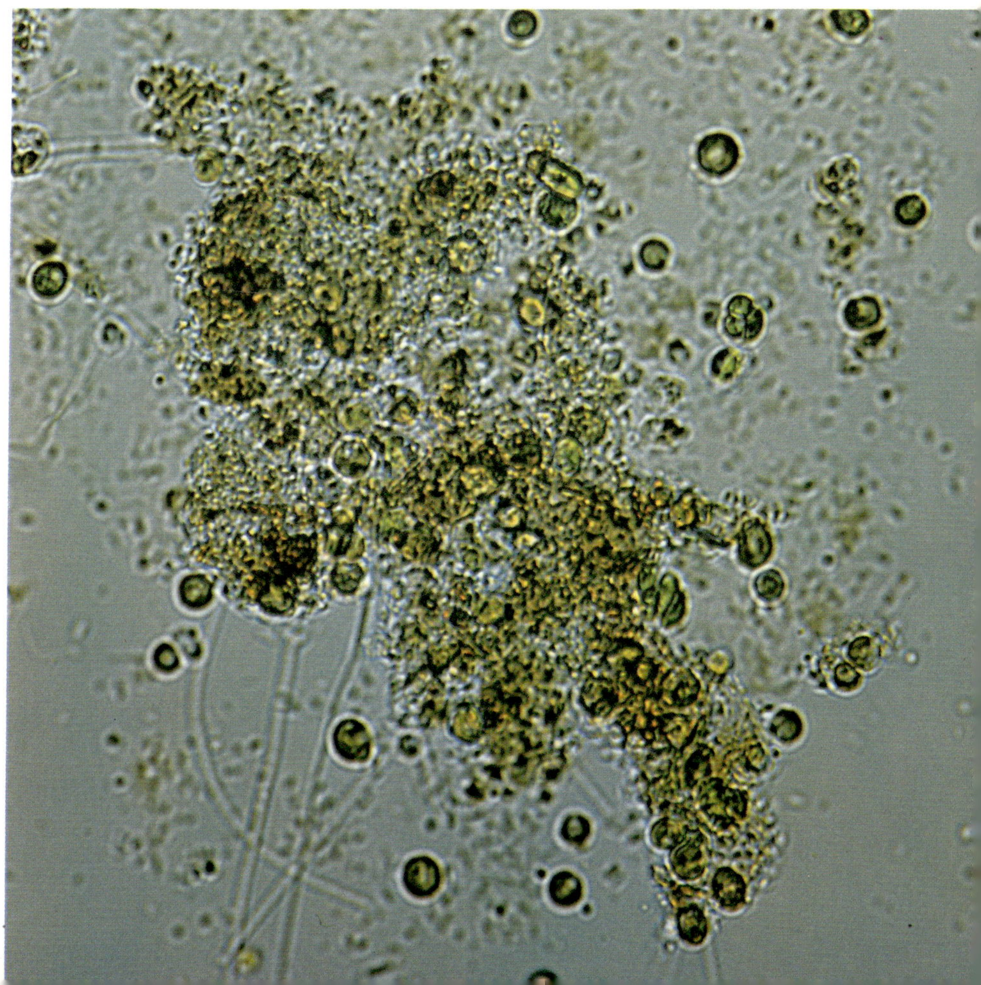

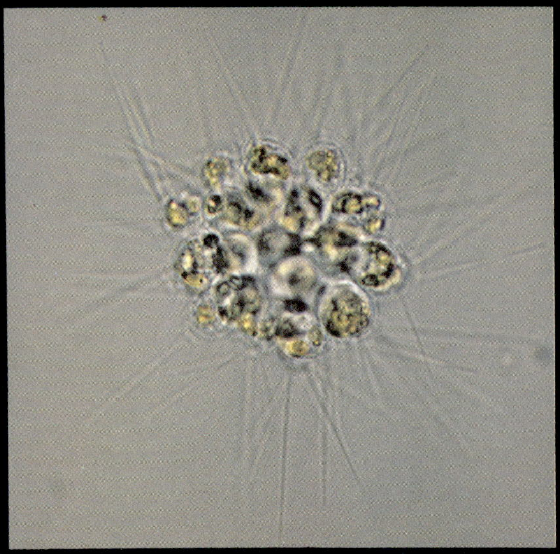

Chrysosphaerella multispina bildet Zellkolonien, in denen jede Zelle zwei oder mehrere gerade und hohle Kieselnadeln variierender Länge hat. Kolonien bis 250 µm. Kommt ziemlich häufig in nährstoffarmen Seen und Braunwasserseen vor.

Synura bildet Kolonien (100–140 µm groß) aus bis zu 80 Zellen. Die gelbbraunen Zellen enthalten zwei Chloroplasten, keinen Augenfleck. Beborstete Hülle. Jede Zelle hat zwei Geißeln. Kommt häufig in kleinen Seen und Teichen vor, wo die Art im Frühjahr manchmal Wasserblüten bildet.

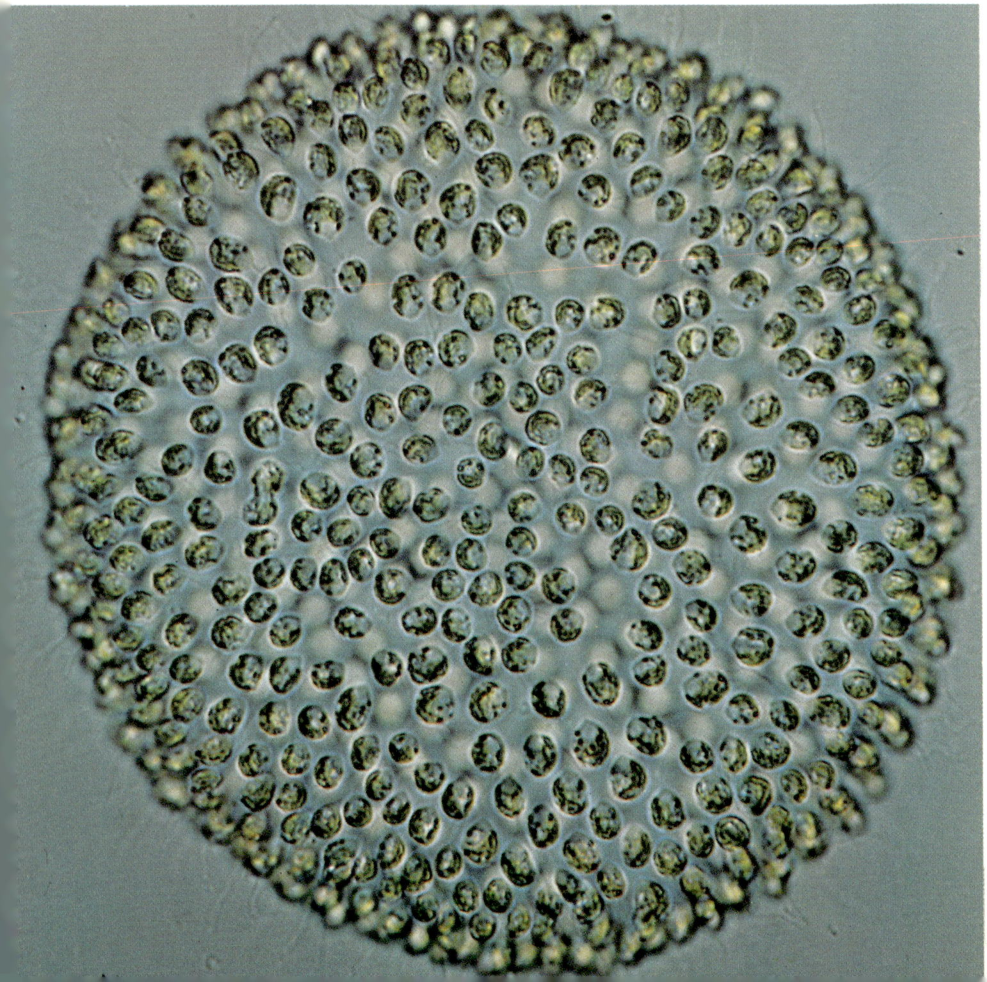

Uroglena bildet Kolonien, in denen die einzelnen Zellen am Rande einer gemeinsamen Gallertkugel angeordnet sind. Die Zellen haben einen Chloroplasten, einen Augenfleck und je zwei Geißeln, eine kürzere und eine längere. Kolonien 40–400 µm. Man findet sie in Seen und Teichen, wo die Art bisweilen das Wasser braun färbt, vor allem im Frühling.

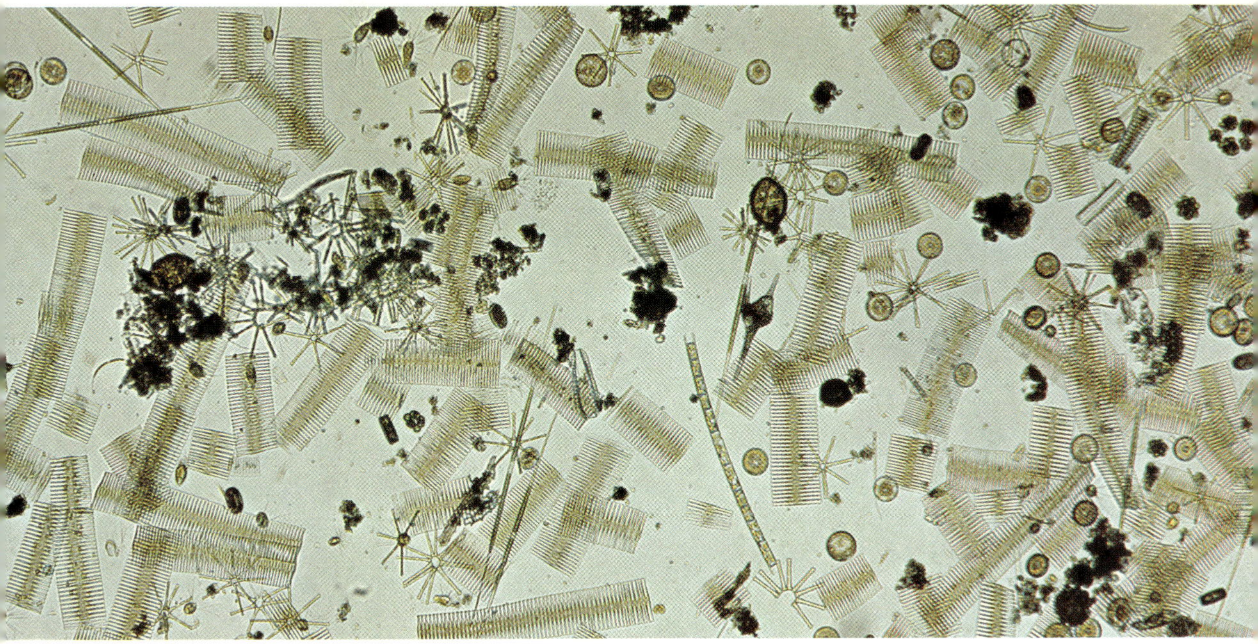

▲ Dieses Übersichtsbild zeigt eine Planktongesellschaft im Frühling, wenn die Kieselalgen über andere Algengruppen völlig dominieren. Im Bild sieht man u. a. die Gattungen *Asterionella, Fragilaria, Melosira* und *Stephanodiscus* und aus anderen Algengruppen u. a. *Mallomonas* und *Pediastrum.*

Auch im Herbst wird das Phytoplankton vieler Gewässer zeitweise von Kieselalgen beherrscht. Außer den Gattungen *Asterionella, Melosira* und *Stephanodiscus* sieht man die Blaualge *Aphanizomenon* und die Grünalge *Staurastrum.* Das Zooplankton ist durch *Keratella cochlearis* und *Keratella quadrata* vertreten. ▼

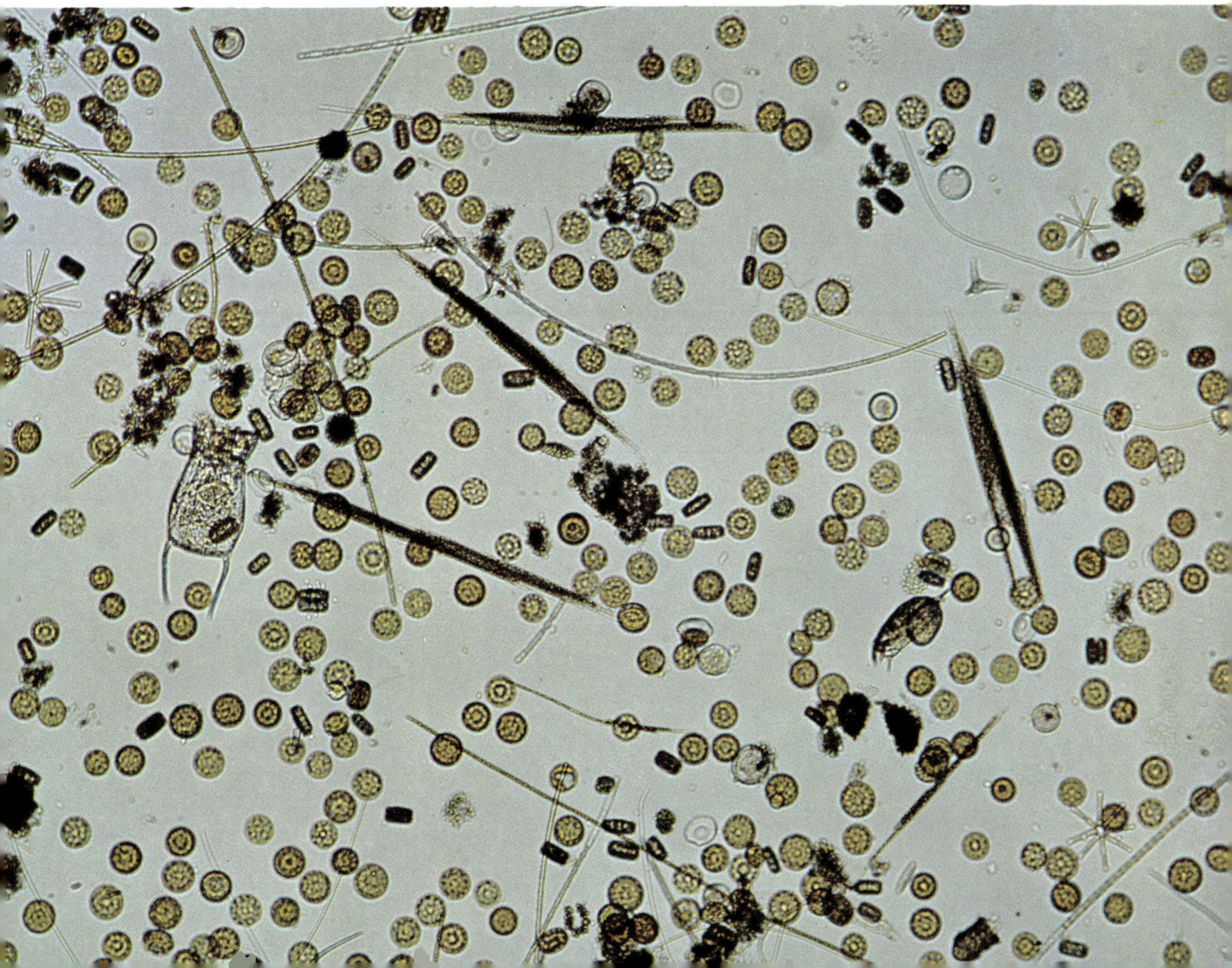

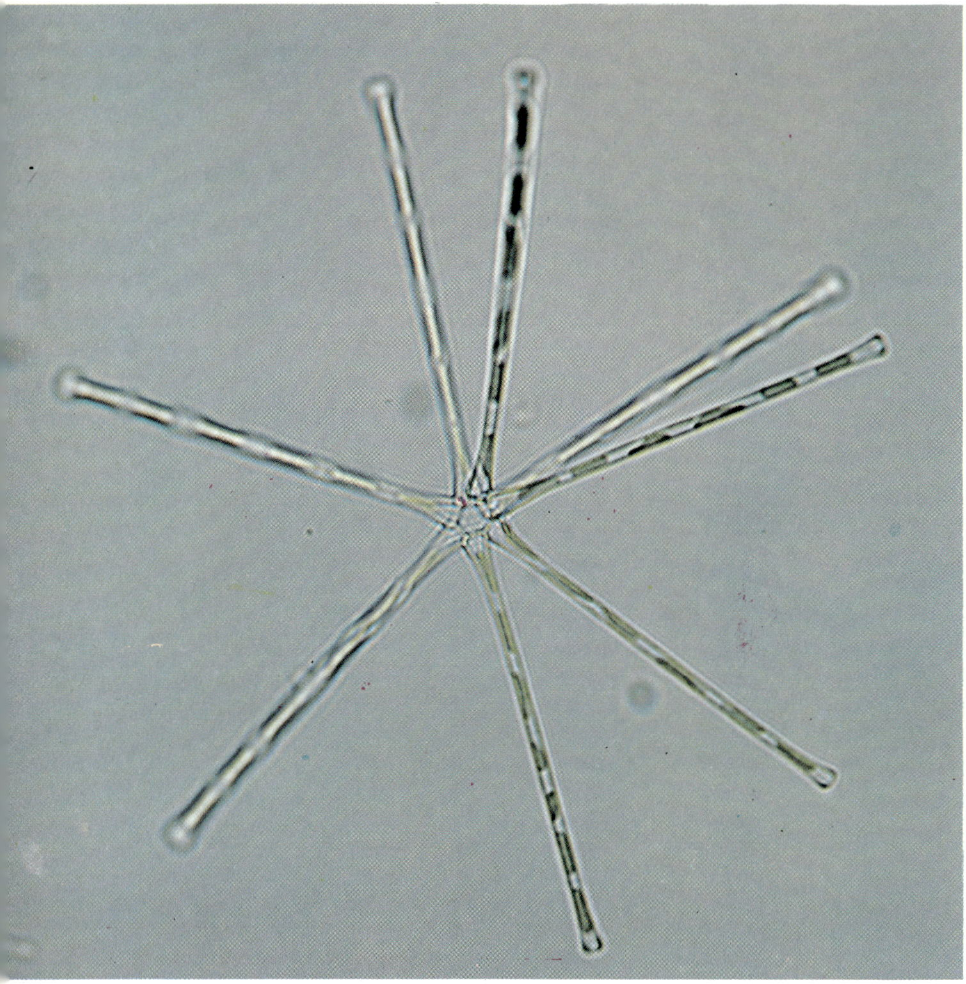

Bei **Asterionella formosa** sind 8 Zellen an ihren Enden zu einer sternförmigen Kolonie verbunden. Die Zellen sind verhältnismäßig schmal (vergleiche *Tabellaria fenestrata* auf der nächsten Seite). Die Zellen sind 40–130 µm lang und ca. 2 µm breit. Diese Alge ist eine der häufigsten Phytoplanktonarten und kommt sowohl in nährstoffarmen als auch nährstoffreichen Gewässern vor. Sie bildet oft Wasserblüten im Frühling und im Herbst und färbt dabei das Wasser braun.

Im Zentrum von **Asterionella formosa** sind oft Kragen-Flagellaten *(Salpingoeca frequentissima)* angeheftet, eiförmige Zellen in vasenförmigen Gehäusen (10 µm hoch).

Fragilaria crotonensis hat sehr schmale Zellen, an breiterer Mitte kammartig miteinander verbunden. 40–50 µm lang, in der Mitte 2–3 µm breit, an den Enden 1 µm. Häufig in Seen und Teichen, im Sommer oft Wasserblüte.

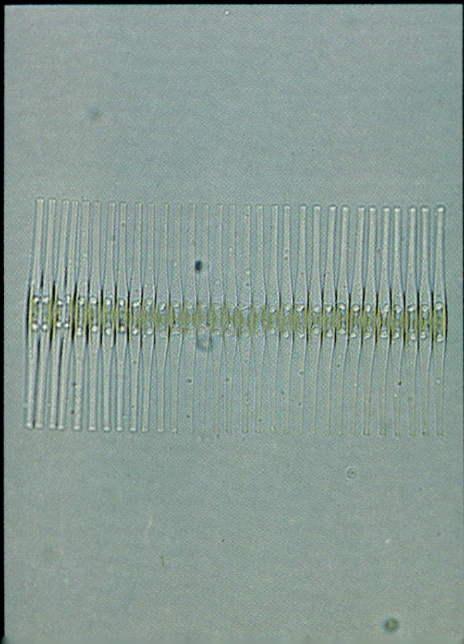

Tabellaria fenestrata. Fenster-Kieselalge. Zellen durch Gallerte zu Sternchen, Zickzackbändern oder Bändern mit gegeneinander verschobenen Zellen verklebt. Zellen an den Polen und in der Mitte etwas verdickt. Bisweilen kann die Sternform sich zu einer Spirale entwickeln. Links im Bild sieht man die Kieselalge *Rhizosolenia* und unten (unscharf) zwei Sonnentierchen *(Heliozoa).*

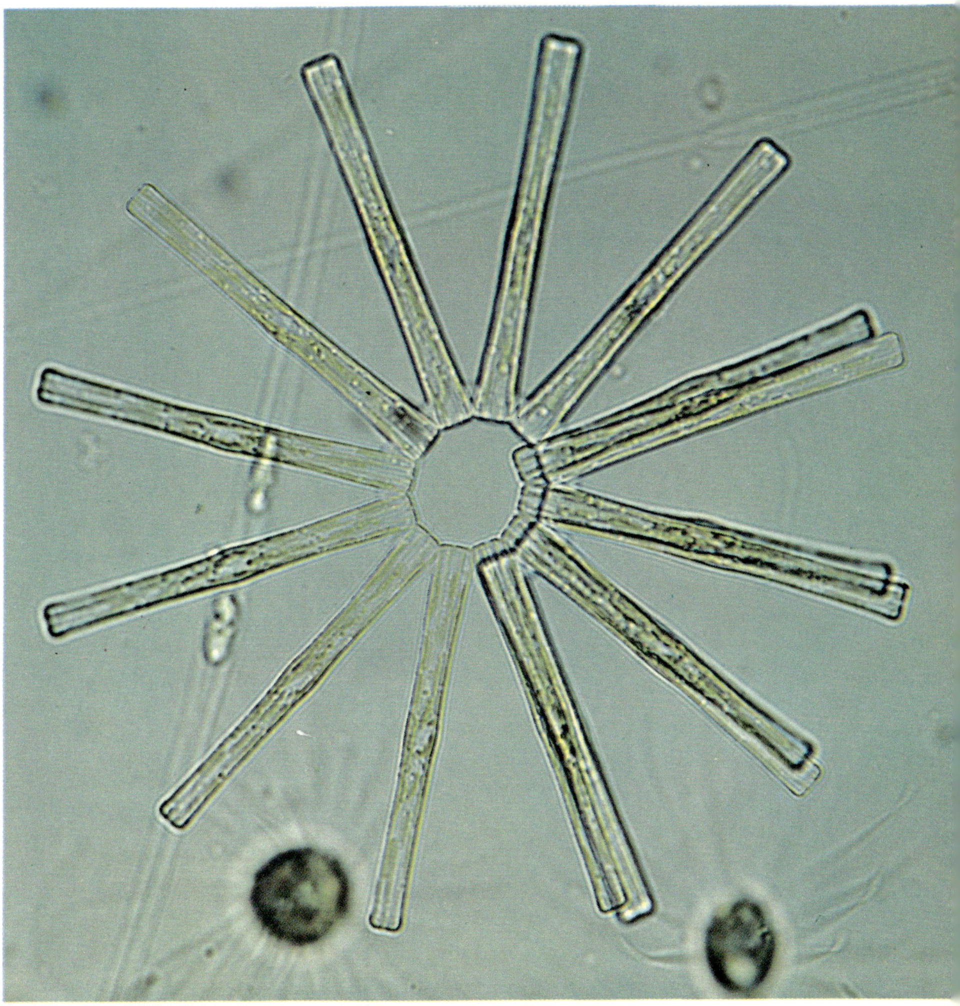

Tabellaria flocculosa bildet zickzackförmige Zellketten. Die einzelnen Zellen haben oft eine fast quadratische Form. 12–50 µm lang, 5–16 µm breit. Kommt ziemlich häufig in der Uferregion von Seen, Teichen und Mooren vor.

Tabellaria fenestrata in der typischen Kolonieform (vgl. mit dem Bild oben). Zellen 30–140 µm lang und 3–9 µm breit. Die Art kommt am zahlreichsten in nährstoffreichen Gewässern vor und am häufigsten im Frühling und Herbst.

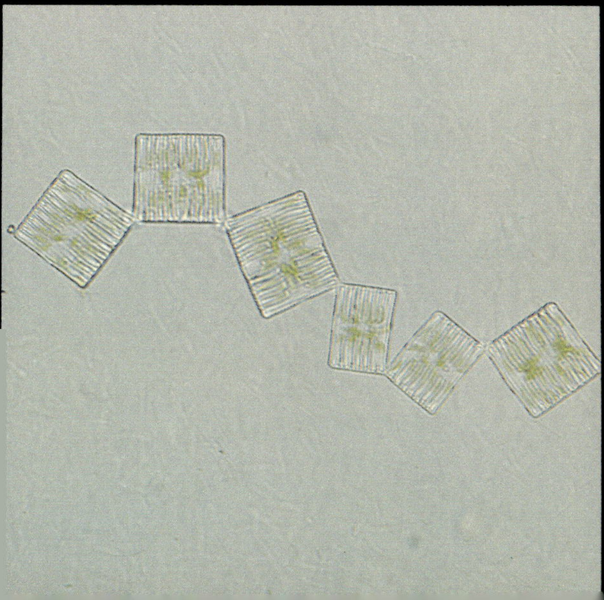

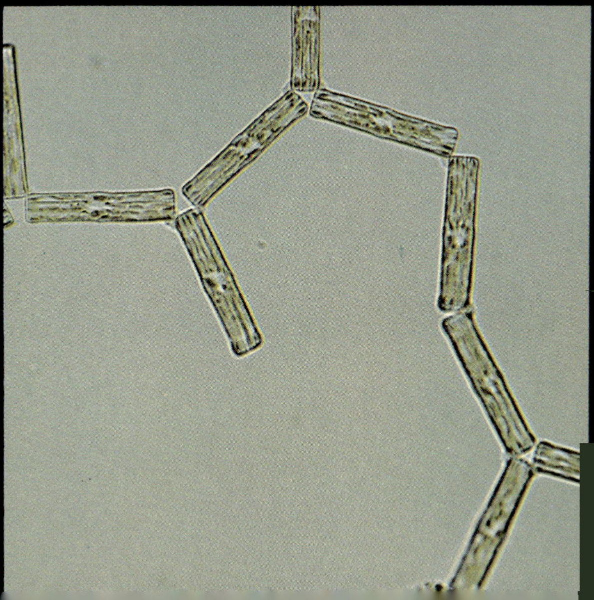

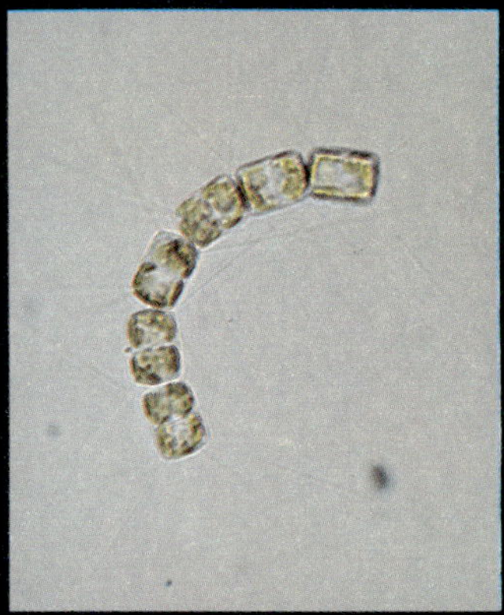

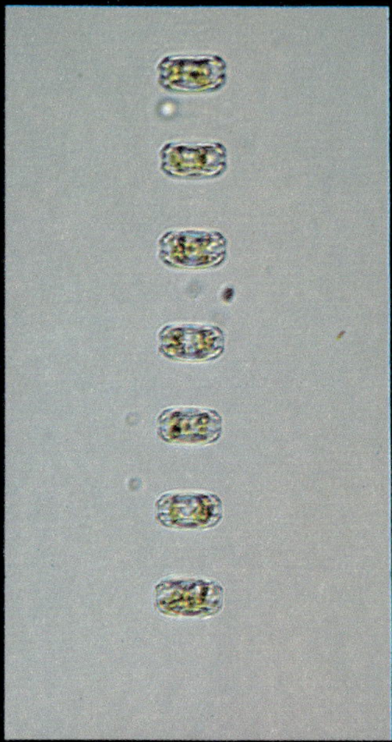

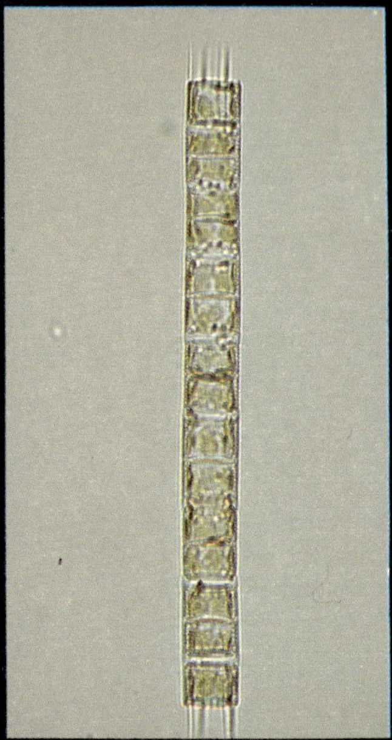

Stephanodiscus hantzschii hat scheibenförmige, platte Zellen, die sowohl einzeln (siehe unten) als auch in kettenförmigen Kolonien vorkommen können. Gelegentlich mit feinen Schwebeborsten. Schalen mit kräftigen Randdornen.

Cyclotella-Arten. Zellen diskusförmig, durch Gallertfäden locker aneinandergereiht. 10–50 µm ∅. Sicher bestimmbar nur durch Anfertigen besonderer Präparate. Viele Arten sind an nährstoffarme Gewässer gebunden.

Melosira granulata bildet zylinderförmige Zellkolonien. Die Endzellen der Fäden mit langen Dornen. Schalenränder mit Zähnchenkränzen. Auf den Schalenseiten viele Poren. Einzelzellen 10–40 µm lang, 5–21 µm breit. Oft in eutrophen Seen.

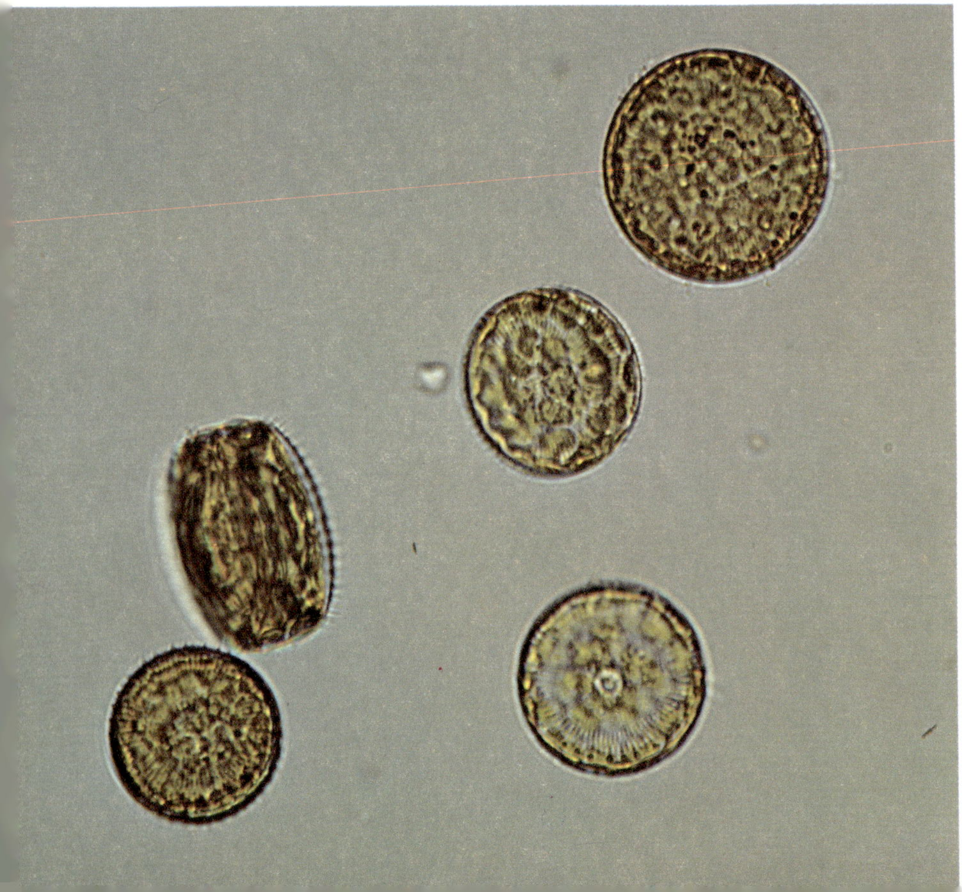

Stephanodiscus hantzschii. Schalenflächen zart strukturiert. Die feinen Poren der Schalen bilden deutliche Radialstreifen, zur Peripherie hin doppelreihig, die mit den kräftigen Randdornen abwechseln. Durchmesser 8–20 µm. Kommt in stark verschmutzten Seen und Teichen vor mit Massenentfaltung nach Aufgehen des Eises, wobei das Wasser braungefärbt ist.

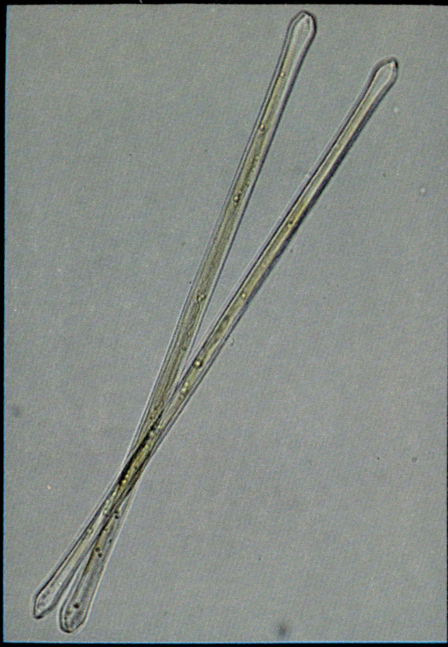

Synedra capitata. Zellenden pfeilförmig spitz, Schalen kräftig quergestreift. 125–500 µm lang, 7–10 µm breit. Die Art kommt in nährstoffreichen Seen vor, besonders in der Uferzone, wo sie überwiegend festsitzend lebt.

Surirella ovata. Zellen oval bis eiförmig. Schalen mit zarten Querlinien aus Poren. 5–70 µm lang, 8–25 µm breit. Sie ist eine anpassungsfähige Alge, die in vielen Gewässertypen meist festsitzend vorkommt.

Cymatopleura elliptica. Tritt als Einzelzelle auf. Schalen breit elliptisch mit charakteristischen Querbändern und unregelmäßigen Punktstreifen. 50–220 µm lang, 40–90 µm breit. Häufig, in der Uferzone von Seen, Bächen, oft festsitzend.

Attheya zachariasii. ▶ Schwach verkieselte Schalen mit zahlreichen Zwischenbändern, elliptisch bis rechteckig mit je 2 langen, feinen Borsten an den Ecken. Im gewöhnlichen Durchlichtmikroskop keine Struktur erkennbar. Bis 500 µm lang, 12–40 µm breit. Häufig in nährstoffreichen Seen.

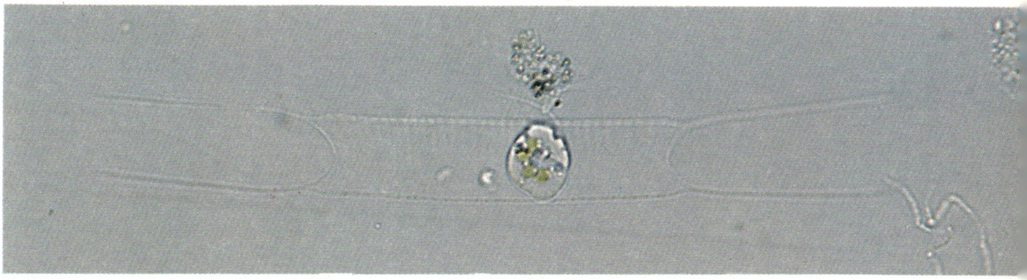

Rhizosolenia longiseta. Schalen sehr dünn, an beiden Enden in langen Fortsatz übergehend. Im gewöhnlichen Durchlichtmikroskop kaum sichtbar. 70–200 µm lang, 4–10 µm breit. In stehenden oder schwach fließenden, nährstoffreichen Seen.

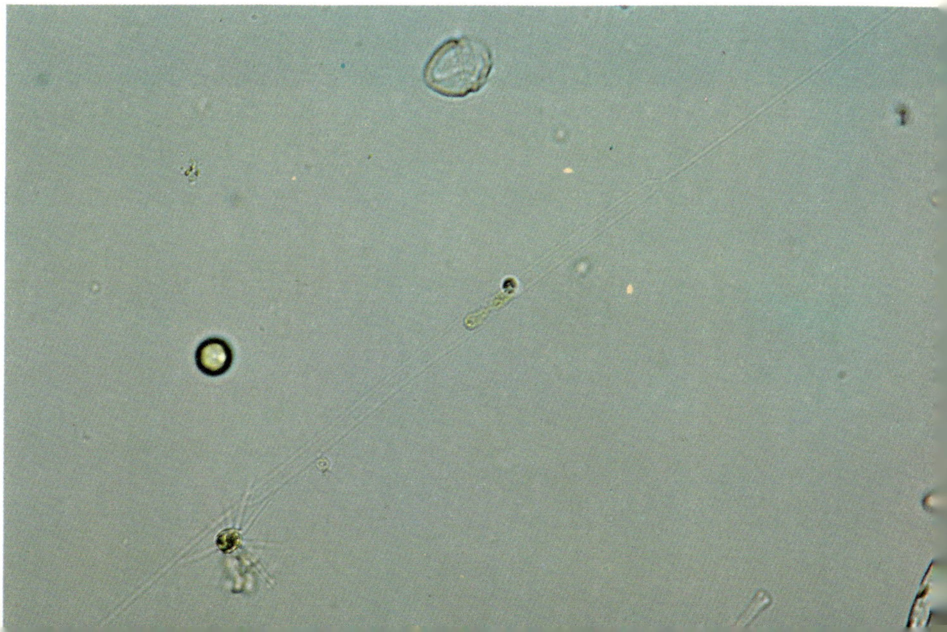

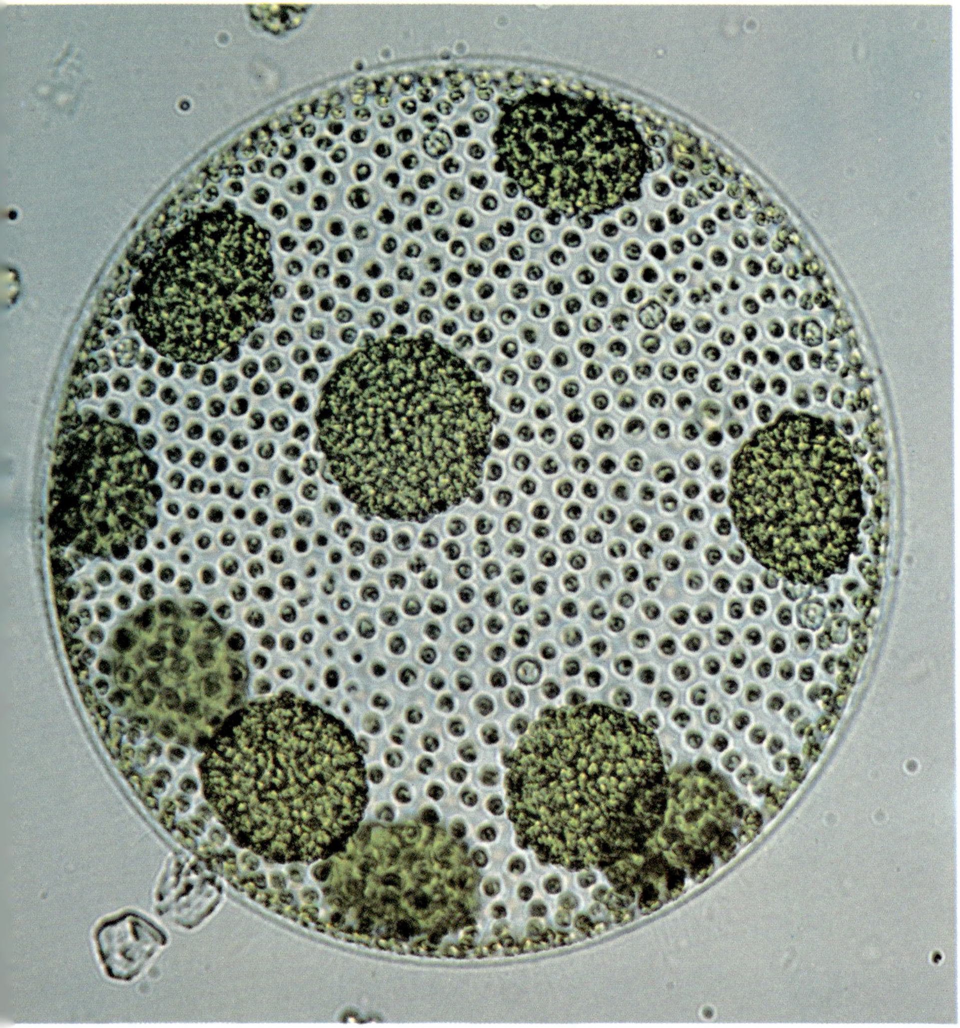

Volvox bildet kugelige gallertartige Kolonien, mit peripher angeordneten Zellen. Es gibt etwa 20 Arten. Eine davon bildet Kolonien mit bis zu 20000 Zellen. Jede Zelle hat 2 nach außen gerichtete Geißeln. Innerhalb der Kolonie entwickeln sich viele Tochterkolonien (Bild). Je nach Art wird eine Kolonie bis 2 mm groß *(Volvox globator),* die Einzelzelle 4–8 µm. Fortbewegung mit Hilfe der Geißeln. Einige Kolonien (z. B. *Volvox aureus*) schwimmen morgens an die Wasseroberfläche und sinken abends in tiefere Wasserschichten zurück. Man bezeichnet diesen Vorgang als Vertikalwanderung. Man findet viele *Volvox*-Arten in stehenden, nährstoffreichen Gewässern, wo sie oft dichte Wolken bilden.

Diese **Volvox**-Kolonie ist jünger als die auf dem vorigen Bild, was man unter anderem an den kleinen Tochterkolonien sieht. Am Rand der Kolonie sieht man ganz zart die hervortretenden Geißeln.

Die einzelnen Zellen einer *Volvox*-Kolonie werden durch sehr feine Plasmafäden verbunden, deren Aussehen zwischen verschiedenen Arten variiert. Der dunkle Punkt in jeder Zelle ist der Augenfleck. Auch Pyrenoide und Vakuolen sieht man deutlich auf dem Bild.

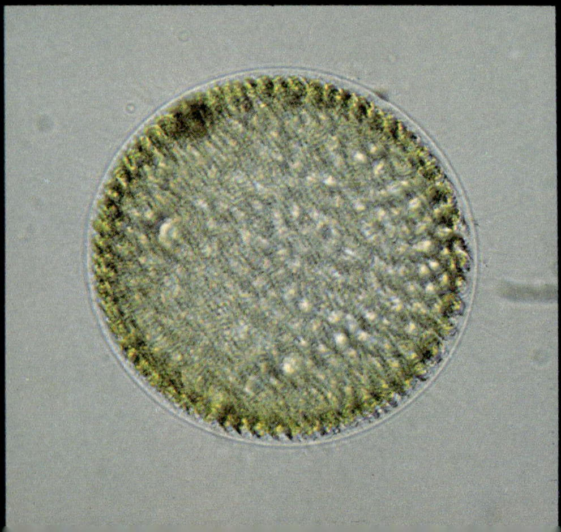

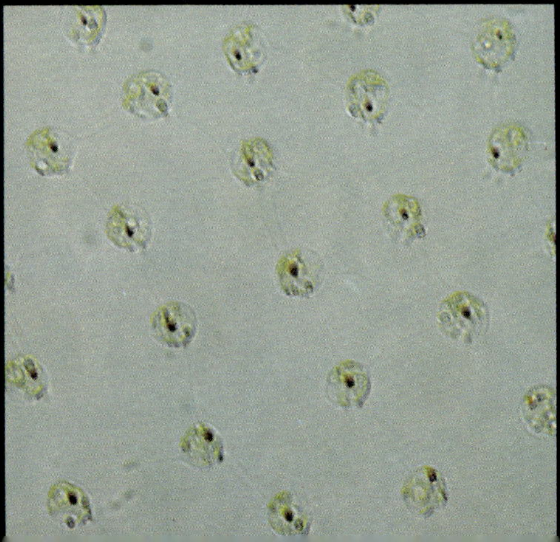

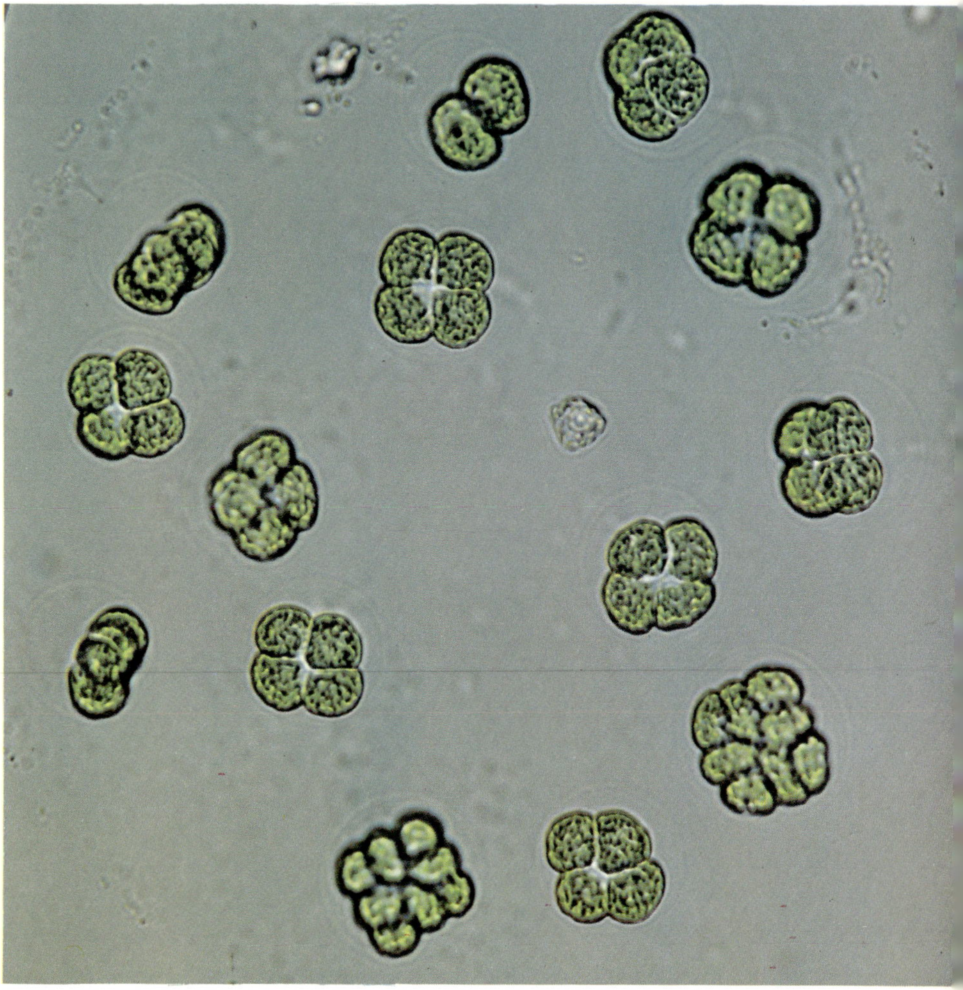

▶ **Pandorina morum** hat verkehrt eiförmige Zellen, die Gallertkolonien aus meistens 16 Zellen bilden. Jede Zelle hat zwei Geißeln und einen Augenfleck. Das Bild rechts zeigt eine Kolonie mit Zellen in verschiedenen Teilungsstadien, von 2 bis 16 Zellen in jeder Tochterkolonie. Bisweilen können es 32 Zellen in einer Kolonie sein.
Bild unten zeigt ein Teilungsstadium mit deutlich sichtbarer Gallerthülle. Einzelzellen 8–17 µm, Kolonien bis 200 µm ∅. Kommt sowohl in nährstoffreichen als auch nährstoffarmen Seen vor. ▼

Eudorina elegans bildet fast eiförmige Kolonien mit bis zu 32 Zellen. Zellen meistens kugelig mit zwei Geißeln. Die Gallerthülle der Kolonie ist gut abgegrenzt und leicht zu erkennen. Zellen 16–24 µm lang. In Seen und Teichen.

Sphaerocystis schroeteri bildet kugelförmige Kolonien mit scharf begrenzter Gallerthülle. Einzelzellen 6–12 µm. Kommt häufig in nährstoffreichen Seen vor.

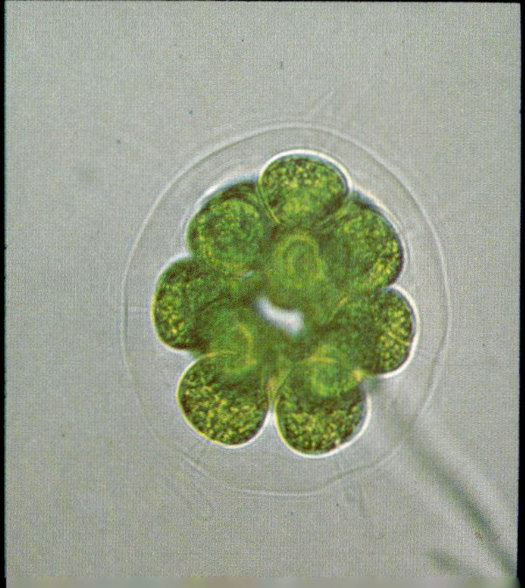

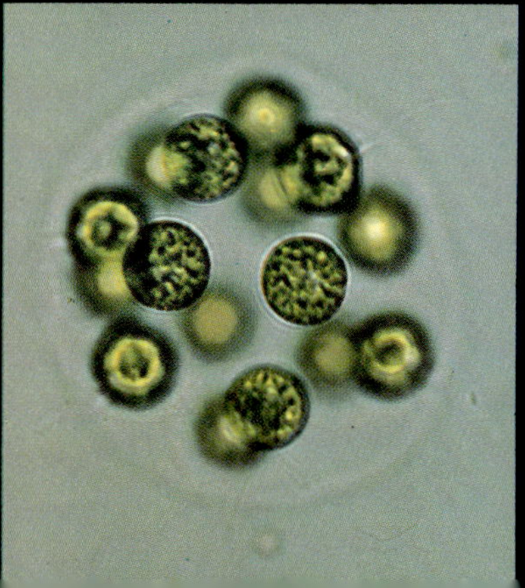

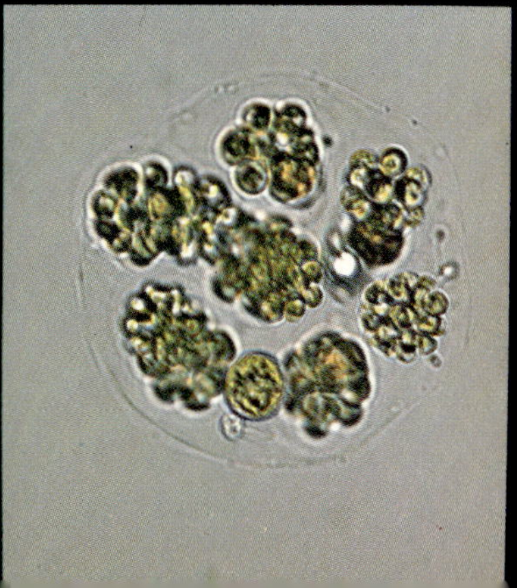

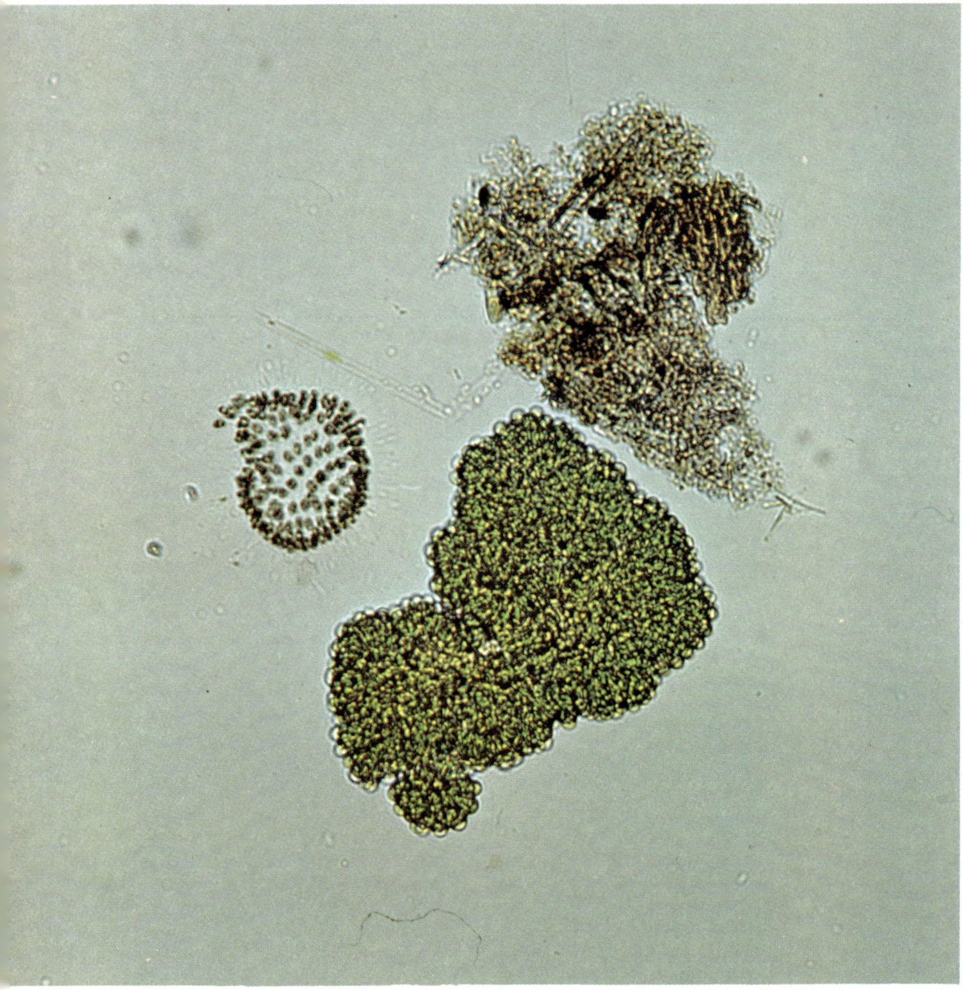

Botryococcus braunii hat ovale, ein wenig eiförmige Zellen. Sie sitzen an der äußersten Schicht der festen Gallertklumpen, die die unregelmäßigen Kolonien aufbauen. Die Farbe kann von grün bis gelbrot variieren. Die gelbrote Farbe entsteht durch Einlagerung von Öl. Einzelzellen 6–10 µm. Kommt in Seen und Teichen verschiedener Art vor und kann bisweilen in nährstoffreichen Seen auch in Massenentfaltung auftreten. Auf dem Bilde sieht man unten eine *Botryococcus*-Kolonie mit ihren blasenartigen Kantenzellen. Links sieht man eine Blaualgen-Kolonie, oben ist totes Pflanzenmaterial (Detritus).

Dictyosphaerium. Kugelige Kolonien mit kugeligen Zellen. Die Zellen werden durch Gallertstränge zusammengehalten und sind oft in Gruppen von vier angeordnet. Einzelzellen meistens 5–20 µm ∅. Kommt häufig in nährstoffarmen bis recht nährstoffreichen Seen vor.

Micractinium pusillum bildet kleine Kolonien aus vier Zellen; bis 16 solcher Kolonien können sich zu Großkolonien zusammenlegen. Jede Zelle hat in der Regel 1–5 lange Stacheln. Einzelne Zellen 4–8 µm lang. Sporadisch in nährstoffarmen, kleinen Seen.

Hofmania lauterbornii. Kleine, ringförmig geordnete Kolonien mit je vier ovalen Zellen. Vier Kolonien bilden eine Koloniegruppe in weiter Gallerthülle. Zellen 6–12 µm lang, 3–6 µm breit. Verbreitet in nicht zu nährstoffreichen Gewässern.

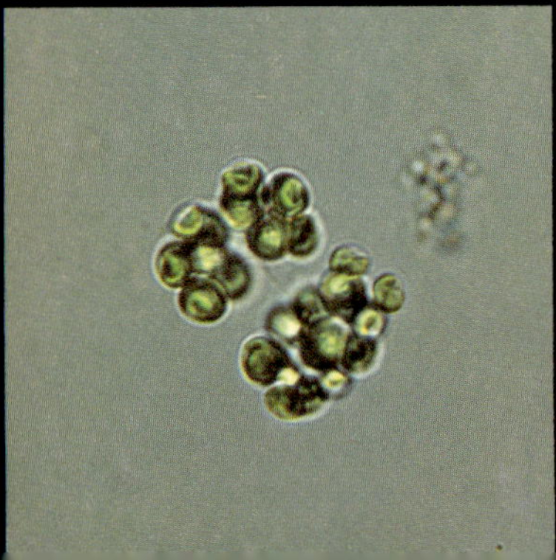

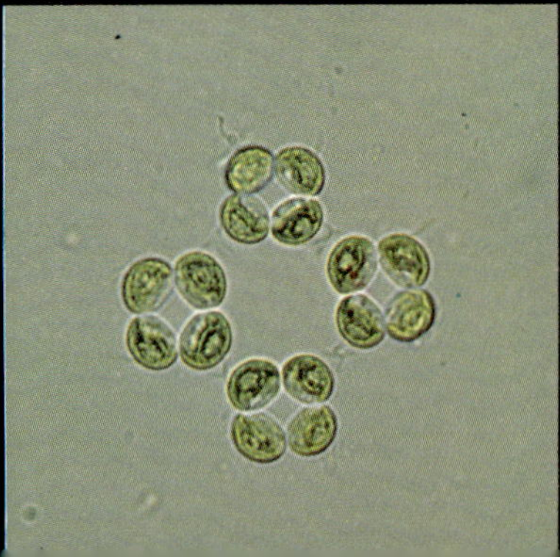

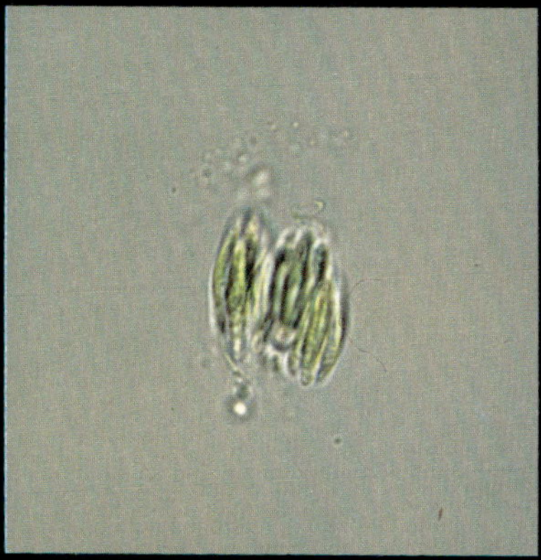

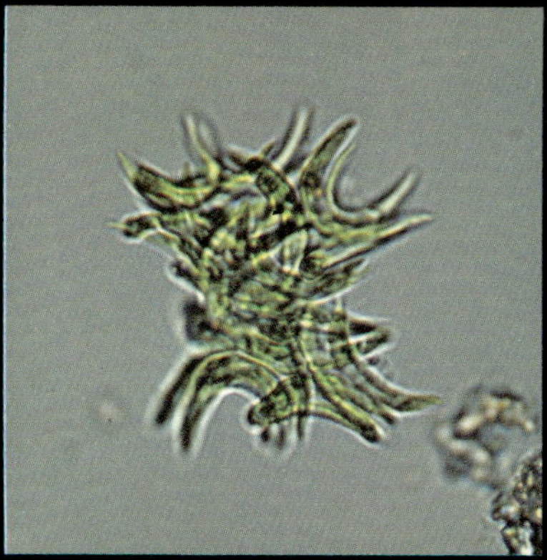

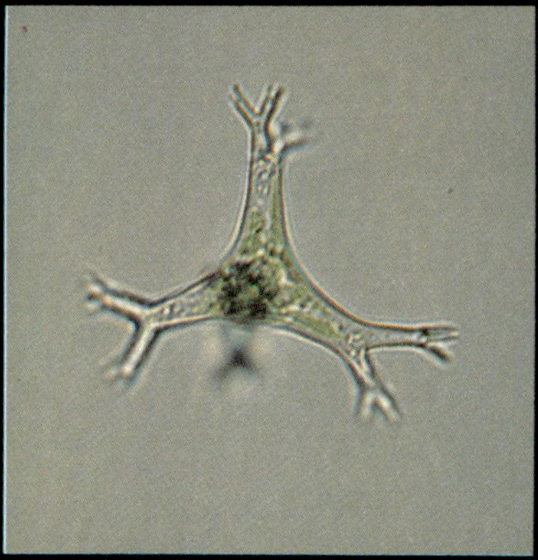

Quadrigula bildet kleine Kolonien mit spulenförmigen Zellen, die in Bündeln von je 4 Zellen geordnet sind. Die Kolonien werden von einer mehr oder minder deutlichen Gallerthülle umgeben. Einzelne Zellen meistens 10–45 µm lang, 2–8 µm breit. Kommt häufig in nährstoffreichen Seen vor.

Ankistrodesmus gracile. Bei dieser koloniebildenden Alge liegen die sichelförmigen Zellen in Häufchen von 4–8 Zellen mit den Spitzen nach außen gerichtet. Sie haben keine Hülle. Einzelzellen 20–30 µm lang, ca. 5 µm breit. Kommt in nicht zu nährstoffreichen Seen vor.

Tetraedron limneticum hat, wie der Name andeutet, Zellen in Tetraederform mit meist lang ausgezogenen und mehrfach verzweigten Fortsätzen an den Ecken. Zelldurchmesser 25–35 µm. Kommt ziemlich häufig in Gewässern aller Art vor.

Die Kolonien von **Scenedesmus acuminatus** bestehen aus 4–8 langgestreckten, bogenförmigen Zellen. Einzelzellen 18–25 µm lang, 3–6 µm breit. Man findet sie meistens in kleinen, oft verschmutzten Seen und Teichen.

Scenedesmus quadricauda bildet Kolonien aus 4–12 Zellen. Mittelzellen länglich, ohne Fortsätze. Endzellen mit je zwei gebogenen Stacheln. Zellen und Stacheln je 11–15 µm lang. Kommt zeitweilig in großen Mengen in nährstoffreichen Seen vor.

Scenedesmus ecornis bildet gerade oder ein wenig gebogene kettenförmige Kolonien. Mittlere Zellen eiförmig, äußere ausgebaucht. Dünner Gallertmantel. Einzelzellen 6–14 µm hoch. Man findet sie im Plankton nährstoffreicher Seen und Teiche.

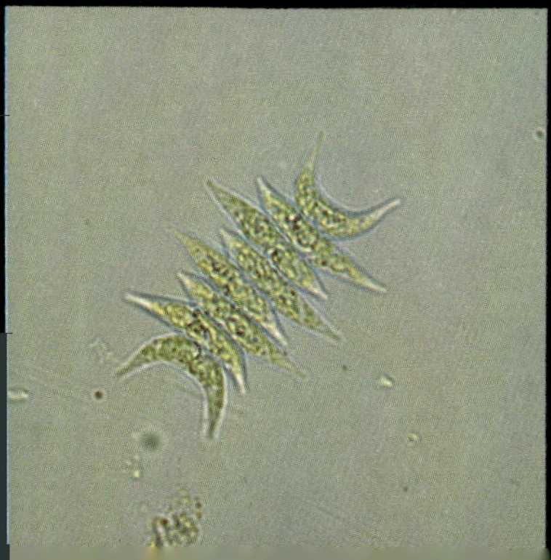

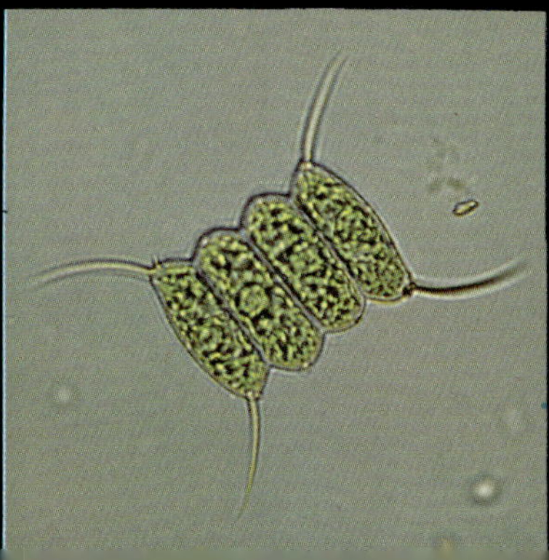

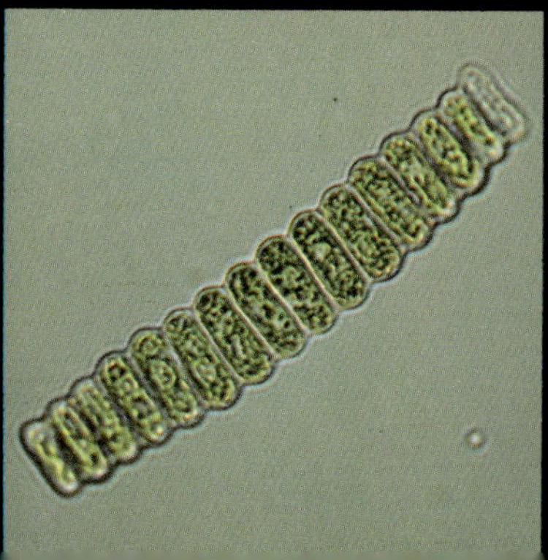

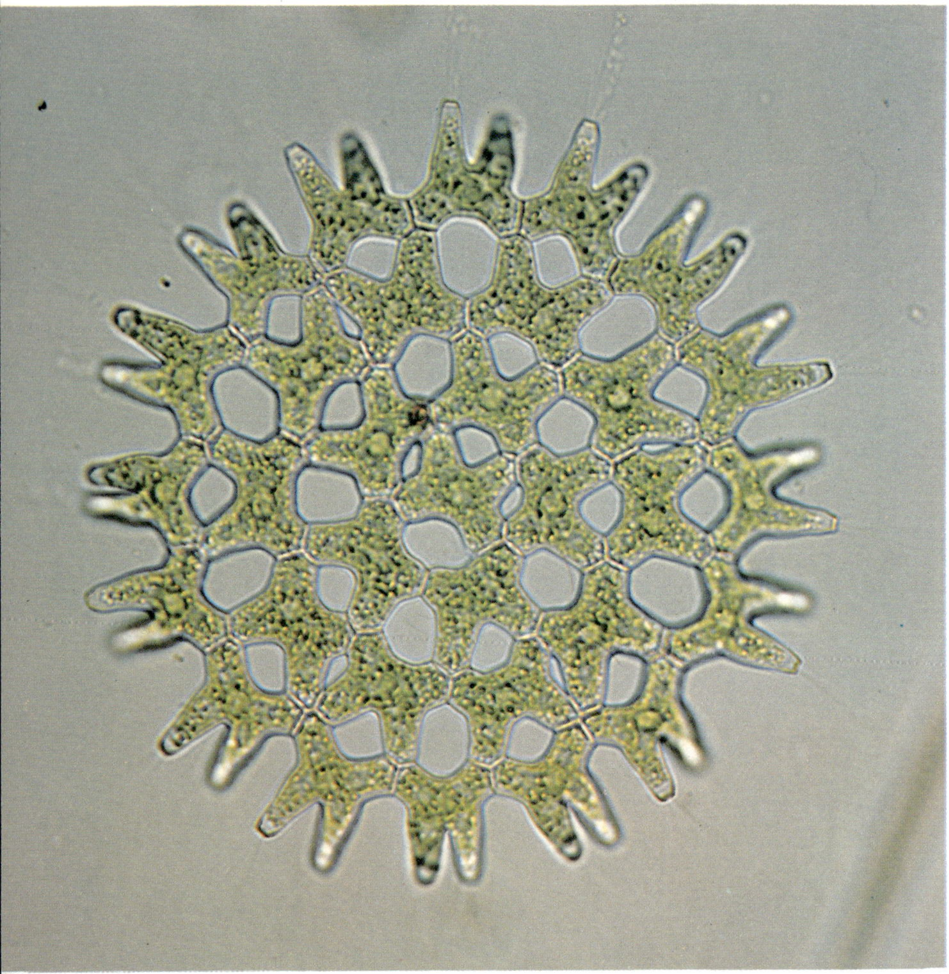

Pediastrum duplex. Kolonie aus 8–32 scheibenartig angeordneten Zellen. Am häufigsten sind 8 oder 16 Zellen in jeder Kolonie. Kennzeichnend für diese *Pediastrum*-Art sind die großen Zwischenräume zwischen den Mittelzellen und die tief zu 2 Fortsätzen ausgeschnittenen Randzellen, die nur an der Basis verwachsen sind. Einzelzellen 4–80 µm, Kolonien 30–300 µm. Gedeiht in den meisten Süßwassertypen.

Pediastrum clathratum unterscheidet sich von den meisten ihrer Verwandten dadurch, daß die Randzellen der Kolonien in einen einzelnen Fortsatz ausgezogen sind. Kommt in nährstoffreichen Seen und Teichen vor.

Pediastrum biradiatum bildet Kolonien mit 8–32 Zellen. Mittelzellen tief eingeschnitten. Die Randzellen haben zwei Zipfel, die ihrerseits seicht eingeschnitten sind. Die Randzellen 10–20 µm. Kommt zerstreut vor allem in kleineren Seen vor.

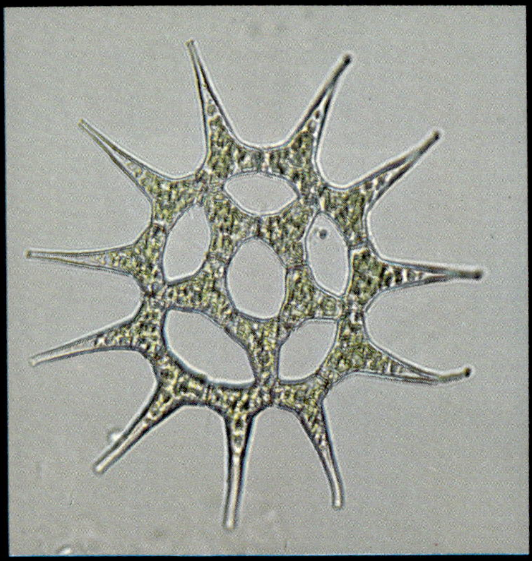

Pediastrum gracillimum. Feingliedrig. Randzellen bogenförmig, zu dünnen Fortsätzen ausgezogen. Mittelzellen bilden große Lücken. Randzellen 12–20 µm, Kolonien bis 90 µm. Fluß- und Seenplankton.

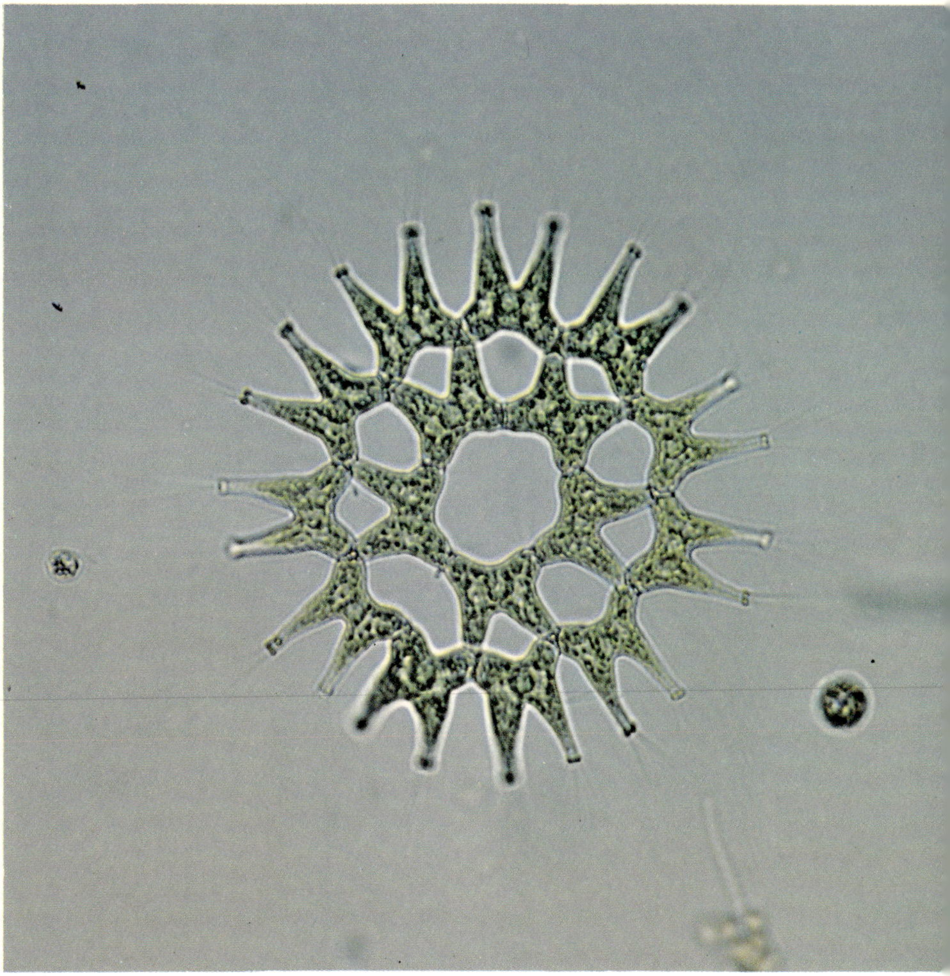

Pediastrum tetras, erkennbar am engen Einschnitt der Rand- und Mittelzellen. Kolonien ◀ 8- bis 16zellig, bisweilen 4zellig. Einzelzellen 8–30 µm. Vor allem in kleineren Gewässern, Gräben, auch Hochmoore.

Pediastrum boryanum. Kolonien bis 128zellig. Mittelzellen ohne Lücken. Randzellen sehr variabel, in verschiedenartige Fortsätze auslaufend. Einzelzellen bis 40 µm. Sehr verbreitet, in Seen verschiedener Typen, stehenden Gewässern und Flüssen.

Pediastrum braunii bildet Kolonien mit 4–8 Zellen. Die Randzellen haben vier kurze Fortsätze. Diese Art ist selten und hat eine nordeuropäische Verbreitung. Lebt meist festsitzend.

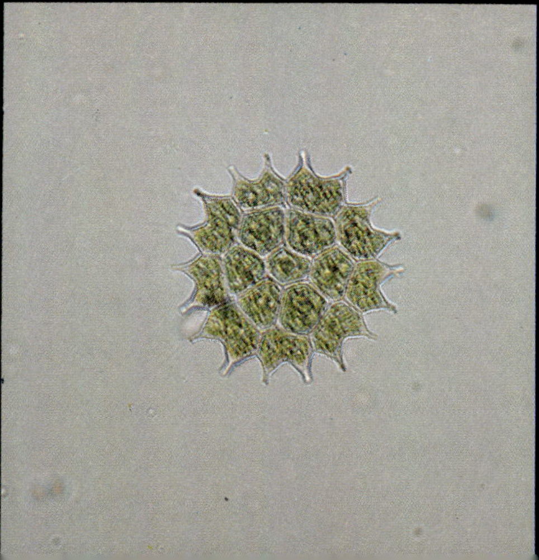

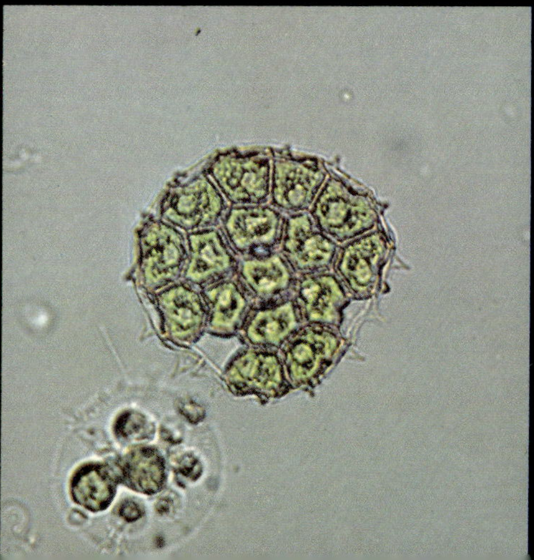

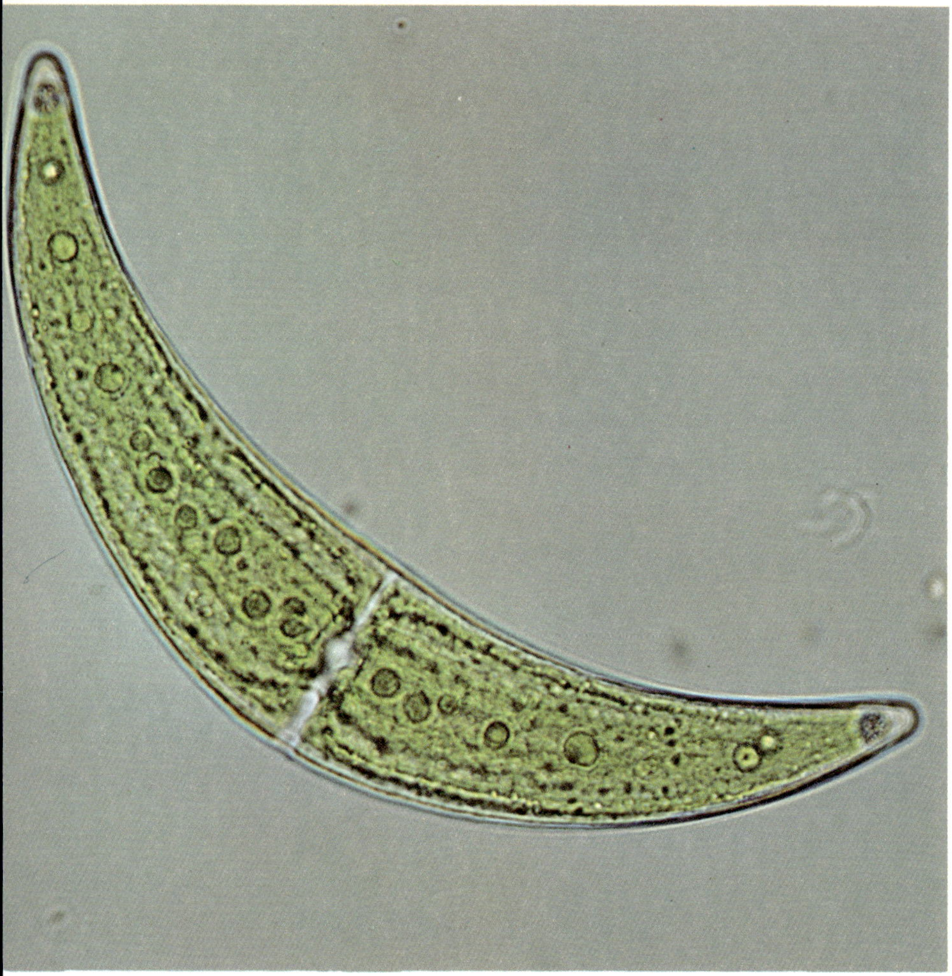

Die Gattung **Closterium** enthält viele oft schwer bestimmbare Arten unterschiedlicher Gestalt: gerade, gebogen, mondsichelförmig. Symmetrisch. Jede Zelle besteht aus zwei gleichen Hälften, die in der Mitte durch eine hellere Partie voneinander getrennt sind. Meist haben sie dort keinen deutlichen Einschnitt wie z. B. *Cosmarium* (Seite 53). Die Gattung gehört zu den Jochalgen (Konjugaten). Ihre Arten vermehren sich durch Zweiteilung und durch geschlechtliche Fortpflanzung (Konjugation). Die meisten Arten dieser Gattung leben festsitzend auf Pflanzen, Steinen und ähnlichen Unterlagen. Sie können aber zeitweilig auch im Plankton auftreten.

Die Bilder unten zeigen einige Arten, die man beim Planktonfischen finden kann. Die Länge variiert meistens zwischen 100 µm und 800 µm.

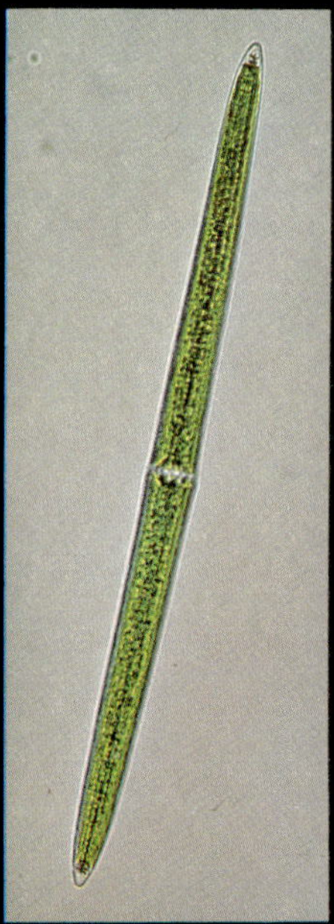

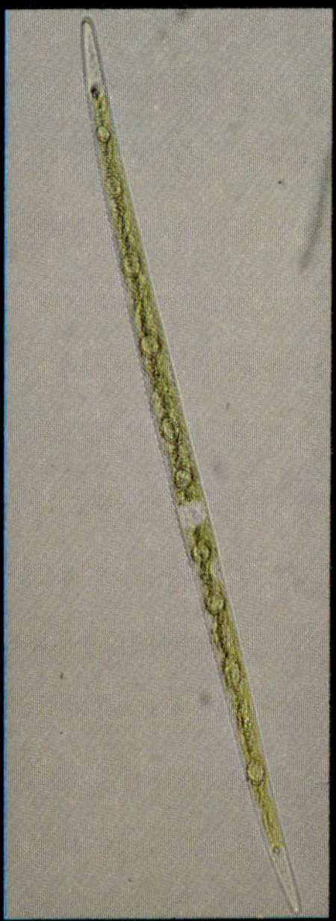

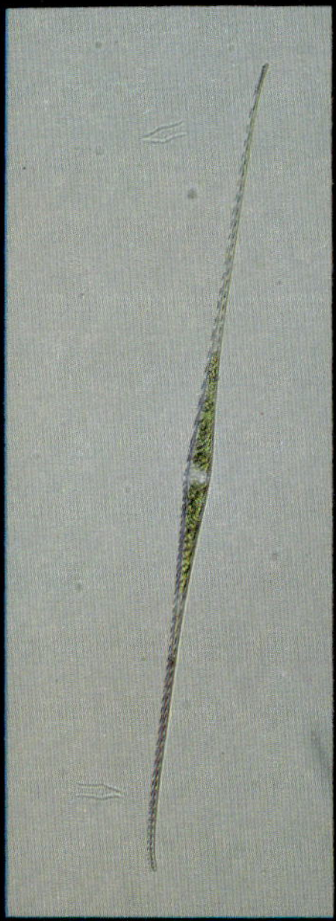

Die **Cosmarium**-Arten sind durch ihre mehr oder minder stumpf ovalen Zellen gekennzeichnet, die keine größeren Fortsätze oder Stacheln haben. Die beiden Zellhälften sind bei vielen Arten nierenförmig. Von den mehr als 800 Arten der Gattung kommen nur einige regelmäßig im Plankton vor. Größe meistens 10–100 µm.

Euastrum bidentatum hat eine charakteristische Zellform, die verhältnismäßig wenig variiert. Jede Zellhälfte hat zwei große Poren, wovon man nur eine, die der jeweils nach oben gewandten Seite, sehen kann. 45–65 µm lang, 27–40 µm breit. Kommt vor allem in kleineren Braunwasserseen, Torfgräben u. ä. vor.

Euastrum ansatum hat eine verhältnismäßig einfache Zellform mit abgerundeten Ecken. 60–100 µm lang, 30–50 µm breit. Ist in nährstoffarmen Braunwasserseen und Flachmooren nicht ungewöhnlich.

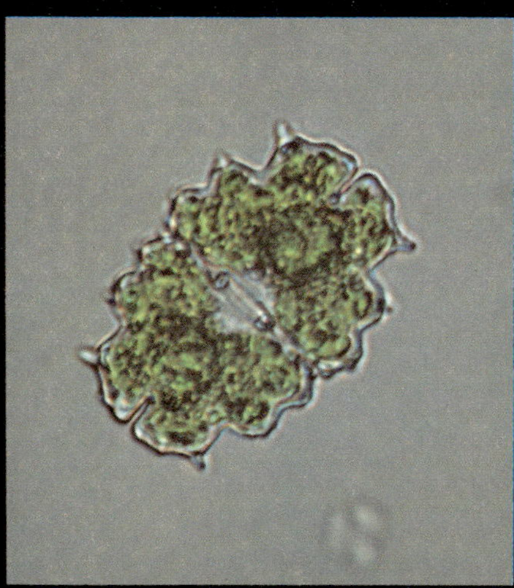

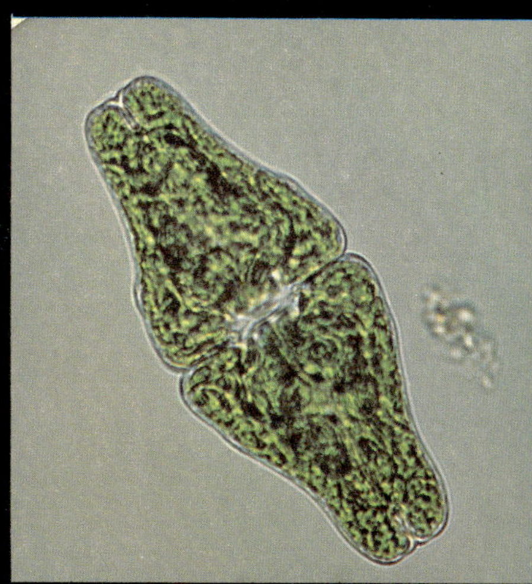

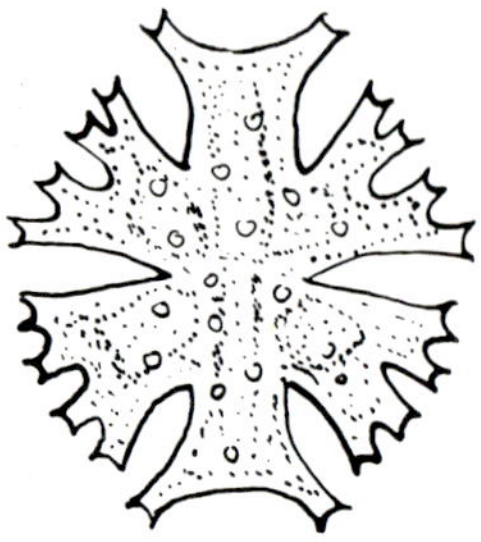

Micrasterias crux melitensis hat zweigeteilte Seitenlappen mit je zwei Spitzen. Die Lappen sind relativ weit getrennt. 85–165 µm lang, 80–150 µm breit. Häufig in Hochmooren, Torfstichen, festsitzend an Wasserpflanzen. Kosmopolit.

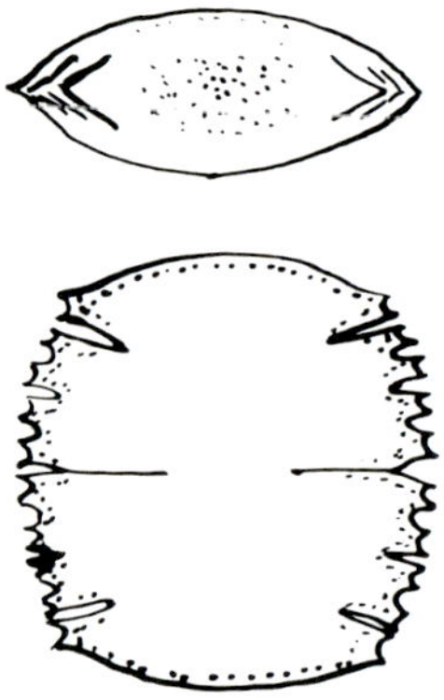

▲

Die **Micrasterias**-Arten. Zellen medaillenförmig, durch Einschnitte in mehrere Lappen aufgeteilt. Über 60 Arten. Leben meist als Aufwuchs, einige aber regelmäßig im Plankton. Sehr variable Form, die das Bestimmen erschwert. Meist 40–400 µm groß. Vorwiegend in nährstoffarmen Moorseen, Torfstichen.

▼

Spirotaenia hat mehr oder weniger zigarrenförmige Zellen mit deutlichen Diagonalbändern. Meistens 40–330 µm lang. Man findet sie in nährstoffarmen Braunwasser- und Moorseen. ▼

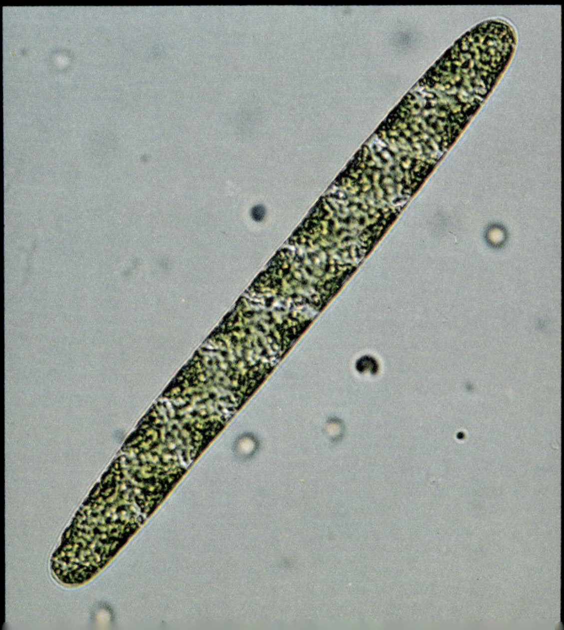

Die **Pleurotaenium**-Arten sind durch ihre ausgezogenen, mehr oder weniger schlanken Zellen, die eine typische Anschwellung um die Taille haben, gekennzeichnet. Die Zellenden sind oft abgestutzt. Meistens 220–760 µm lang. Kommen vor allem in nährstoffarmen kleinen Seen und Teichen ebenso wie in Moorgewässern vor.

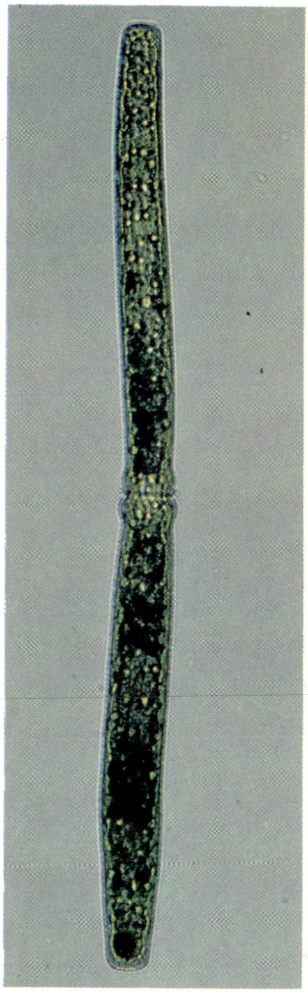

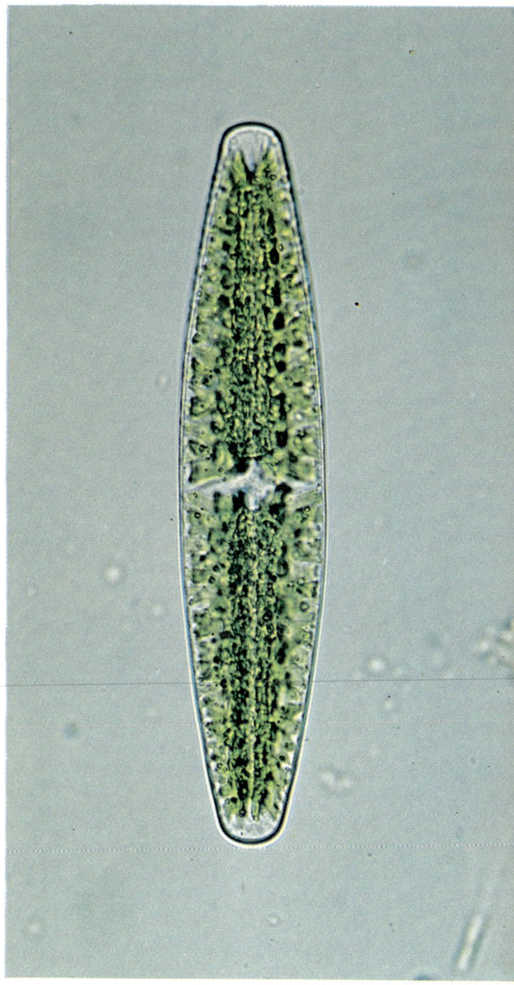

◄ **Micrasterias truncata** sieht mit ihren kurzen und breiten Seitenlappen gedrungen aus. Die Form kann aber zwischen verschiedenen Gewässern variieren. 75–145 µm lang, 75–135 µm breit. Man findet sie häufig in humosen Gewässern wie Moorgewässern und Torfgräben. Lebt hauptsächlich festsitzend.

Die **Desmidium**-Arten bilden bandförmige, bisweilen mehr oder weniger gedrehte Kolonien. Einzelzellen meistens 12–35 µm. Bevorzugt Moorseen und ähnliche Gewässer.

Gymnozyga erinnert an *Desmidium,* hat aber längere Zellen mit typischer Anschwellung in der Mitte. Einzelzellen ca. 25 µm. In nährstoffarmen, braungefärbten Moorgewässern, Torfgräben. ▼

Netrium-Art mit breit spulenförmiger Zelle und charakteristisch zipfeligem Chloroplasten. 100–400 µm lang. Weit verbreitete Hochmooralge, lebt in Torfmoosrasen. ▲

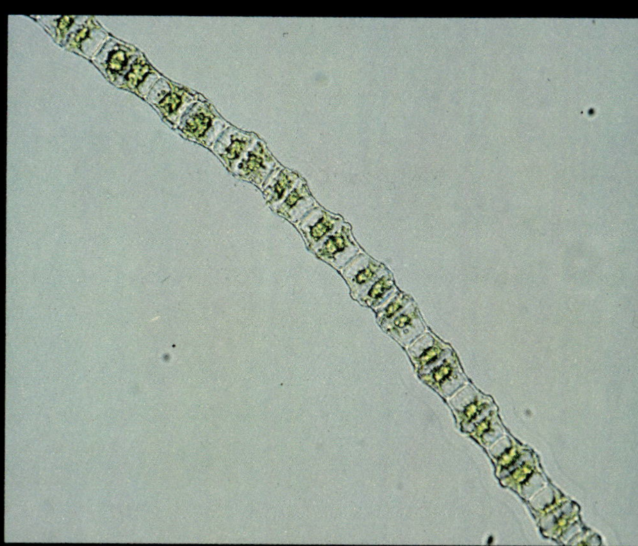

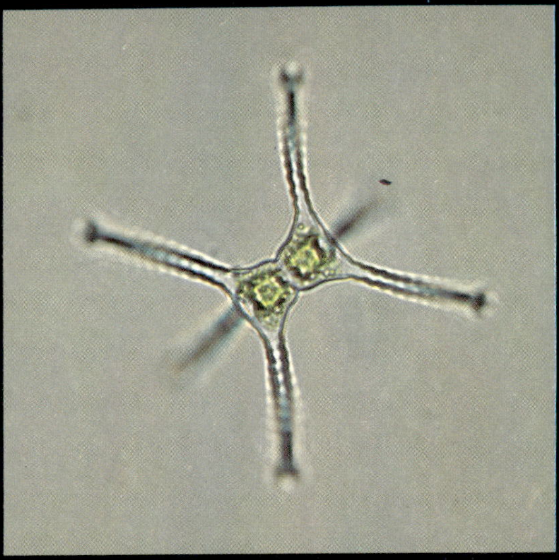

Staurastrum ist eine sehr formenreiche Gattung mit bis zu 800 Arten. Die Klassifizierung ist aber immer noch zum Teil umstritten. Die vielen Arten und eine bedeutende Formenvariation der Arten machen die Artenbestimmung schwierig. Größe mindestens 10–70 μm. Die Bilder wie die Zeichnungen (unten) sind Beispiele für die große Formvariation der Gattung.

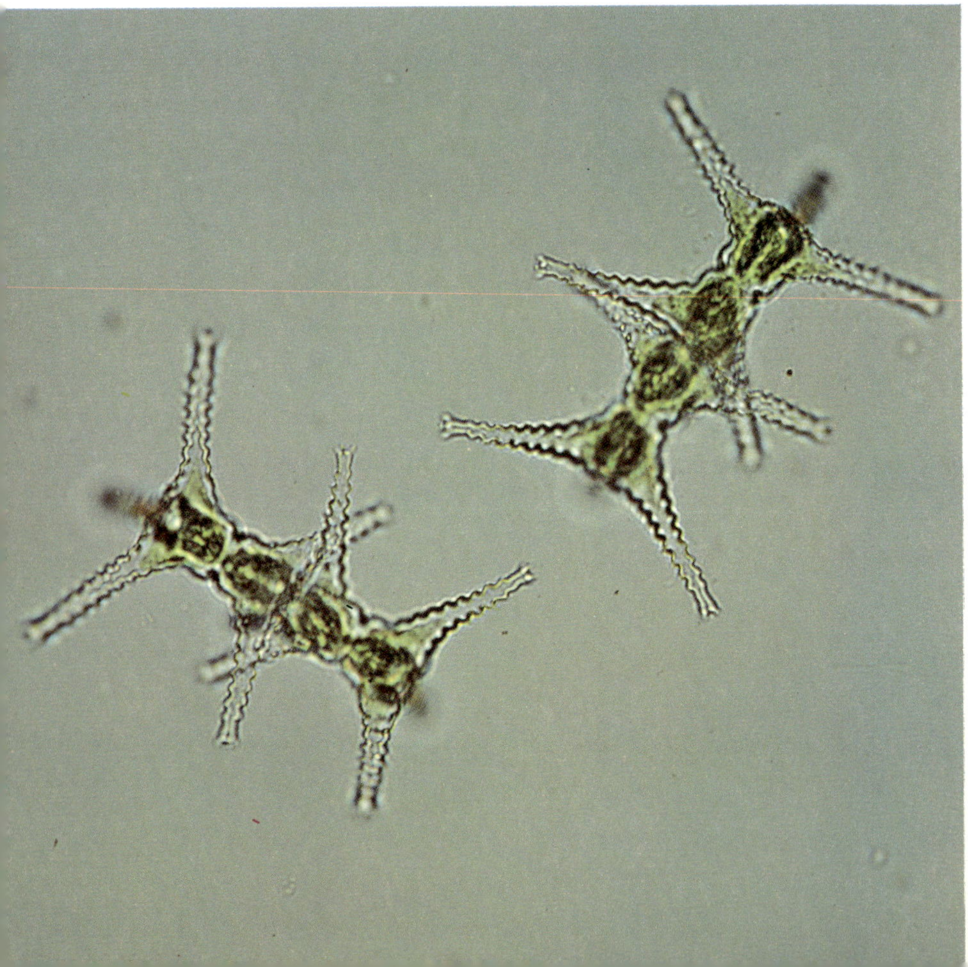

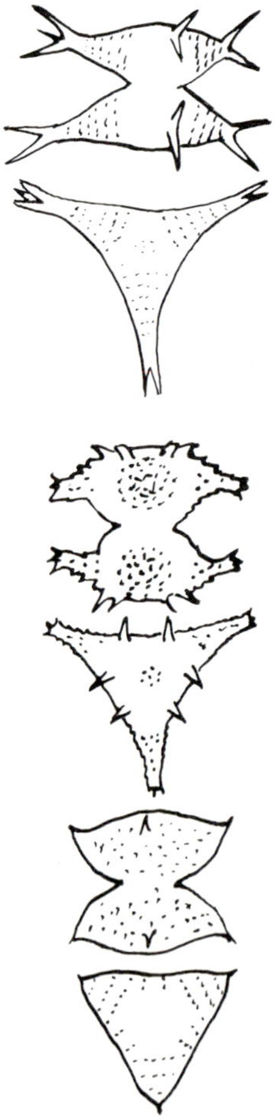

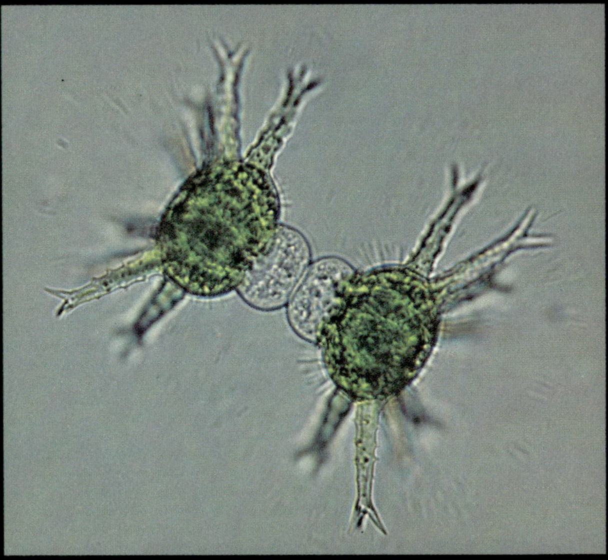

Bei **Staurastrum ophiurum** hat jede Halbzelle 7–9 Arme auf derselben Ebene. Kommt nicht häufig in nährstoffreichen Seen vor.

Das Bild zeigt eine **Staurastrum**-Zelle in Teilung. Zuerst werden an der Taille der Zelle zwei Bläschen gebildet, die weiterwachsen und zu zwei neuen, vollständigen Zellhälften werden, dann trennen sich die Zellen.

Noch ein Beispiel der Formenvariation der Gattung **Staurastrum.** Das Bild zeigt eine Art mit nur vier Armen.

Hier sieht man eine **Staurastrum**-Zelle in einem späten Stadium der Zweiteilung, unmittelbar bevor sich die neuen Zellen trennen.

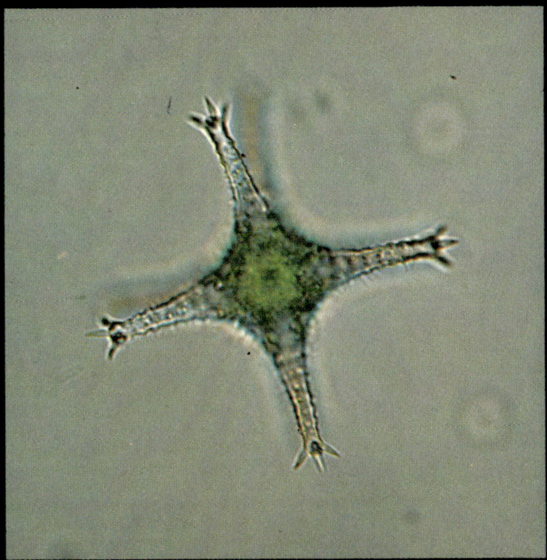

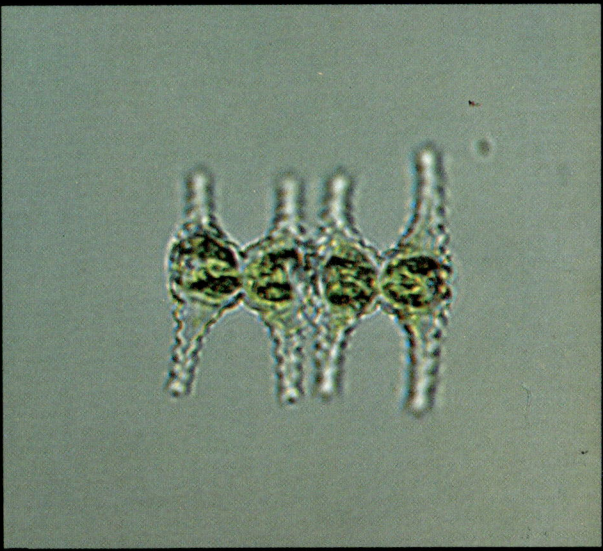

Innerhalb der Gattung **Staurodesmus** (*Arthrodesmus*) gibt es eine große Formenvariation bei den einzelnen Arten. Ein kennzeichnendes Merkmal der Gattung ist die verhältnismäßig ebene Zelloberfläche. Die meisten Arten kommen in nährstoffarmen und braungefärbten Gewässern, wie Moorseen, Torfgräben u. ä. vor.

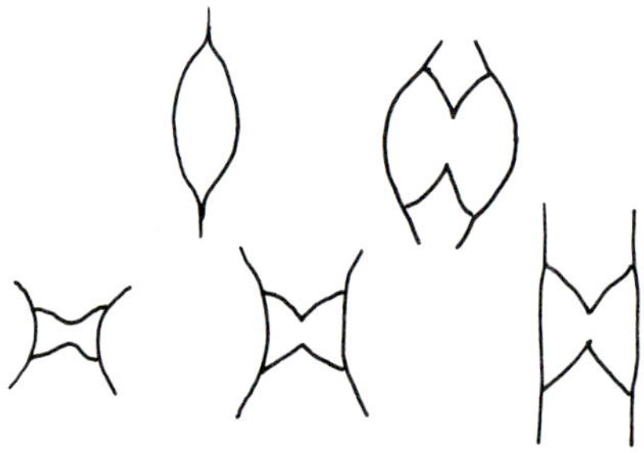

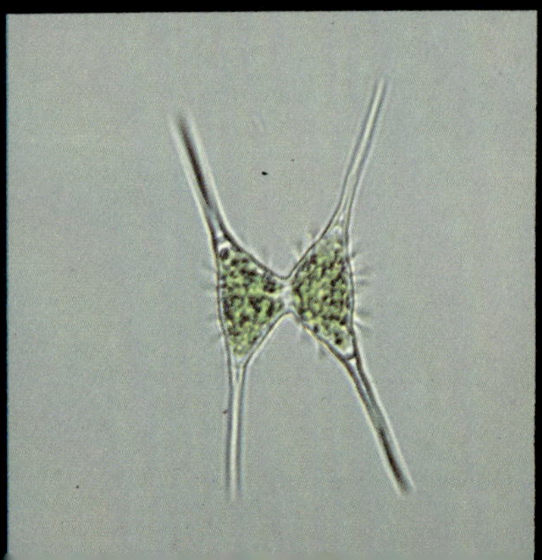

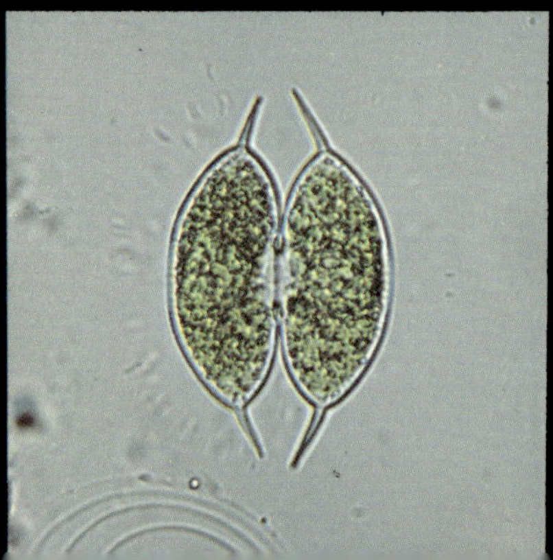

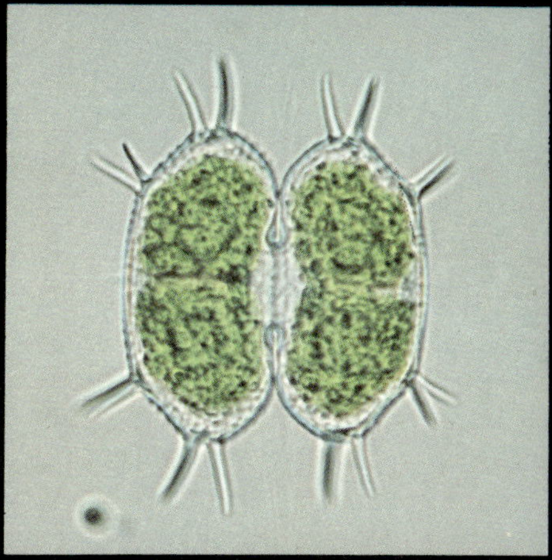

Xanthidium armatum hat ein charakteristisches Aussehen mit ihren kräftigen, geteilten Stacheln. Jede Halbzelle hat zwei große Warzen, von denen nur die an der nach oben gewandten Seite zu sehen ist. 120–180 µm lang, 78–125 µm breit. Typisch für nährstoffarme, braungefärbte Gewässer, wie Moorseen und Torfgräben, bisweilen sehr zahlreich.

Xanthidium antilopaeum unterscheidet sich von der vorigen Art u.a. durch einfache, ungeteilte Stacheln und die verhältnismäßig tief eingeschnürte Taille. Mit Stacheln 55–115 µm lang, 60–110 µm breit. Kommt vor allem als Aufwuchs in braungefärbten Gewässern vor, kann aber zeitweilig häufig im Plankton auftreten. Zwischen Moosen an sumpfigen Seerändern.

Eine **Xanthidium**-Zelle ► in Teilung.

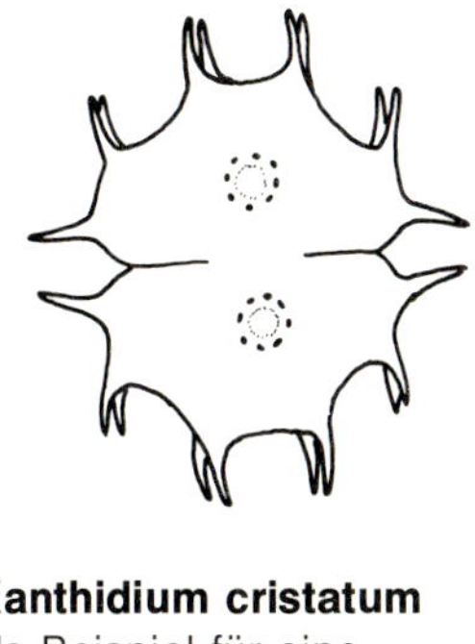

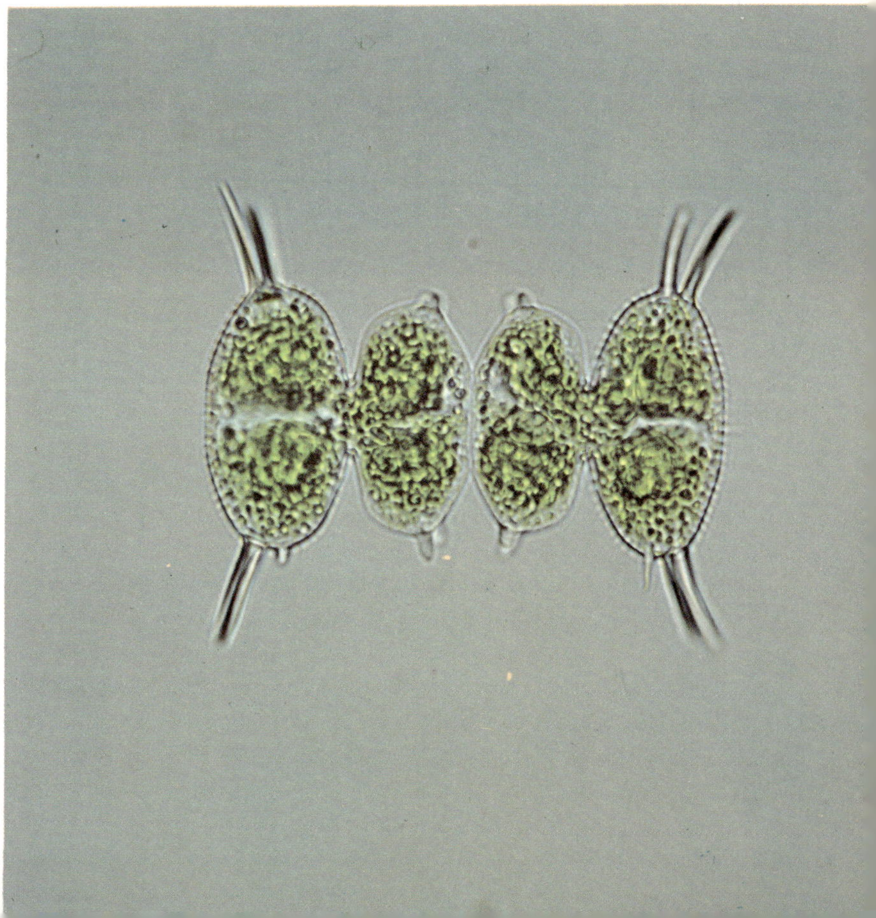

Xanthidium cristatum als Beispiel für eine andere Zellform.

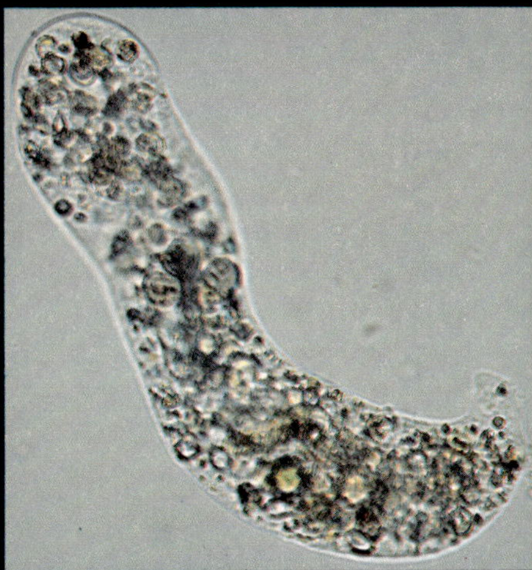

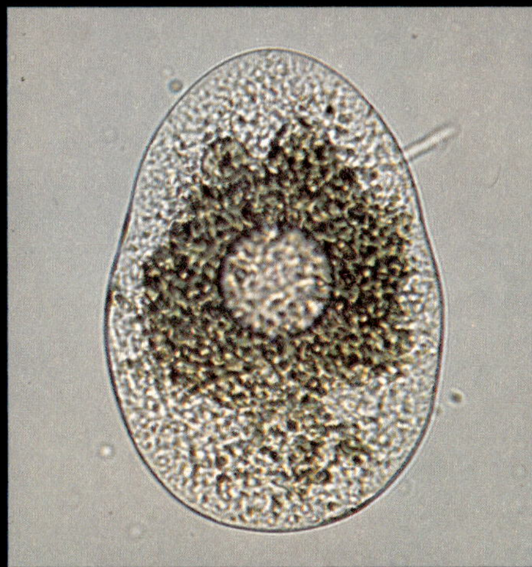

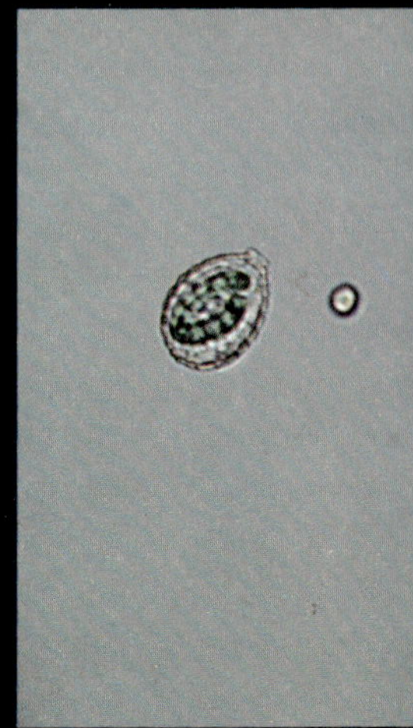

Die Amöbe **Vahlkampfia limax,** Große Fließamöbe, hat wellige Körperseiten. Bei Bewegung wird der vordere Körperteil breiter als der hintere. Am Hinterende häufig feine Plasmafäden. Ernährt sich von Bakterien und Resten von toten Pflanzen und Tieren (Detritus). 100 µm lang, 50 µm breit. Kommt hauptsächlich auf dem Boden kleiner Seen und Teiche vor.

Schalenlose Amöben oder Nacktamöben, wie sie auch genannt werden, haben ein großes Vermögen, ihre Körperform zu verändern. Das Bild zeigt eine Nacktamöbe in zusammengezogenem Zustand. Sie kann mit den regelmäßiger gebauten Schalenamöben verwechselt werden (rechts und unten).

Paulinella chromatophora, Blaualgenkäfig, gehört zu den Schalenamöben und hat eine breiteiförmige Kieselschale. Durch die Schale sieht man zwei wurstförmige Gebilde, das sind symbiontisch lebende Blaualgen der Gattung *Synechococcus.*
20–35 µm lang. Man findet *Paulinella* hauptsächlich festsitzend auf Wasserpflanzen.

Arcella vulgaris, Gemeines Uhrglastier, hat eine runde Schalenform mit zentraler Mündung. Von der Seite gesehen ist die Schale helmförmig. Die Farbe variiert von hellbraun (links) bis tiefbraun (rechts). Frißt u.a. Phytoplankton und Flagellaten. Durchmesser 100–145 µm, 50–75 µm hoch. Kommt häufig auf Wasserpflanzen in nährstoffreichen Seen und Teichen vor; leere Schalen im Bodensatz.

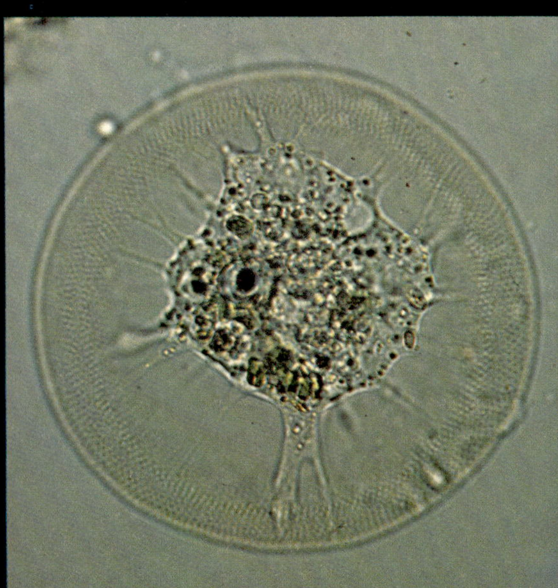

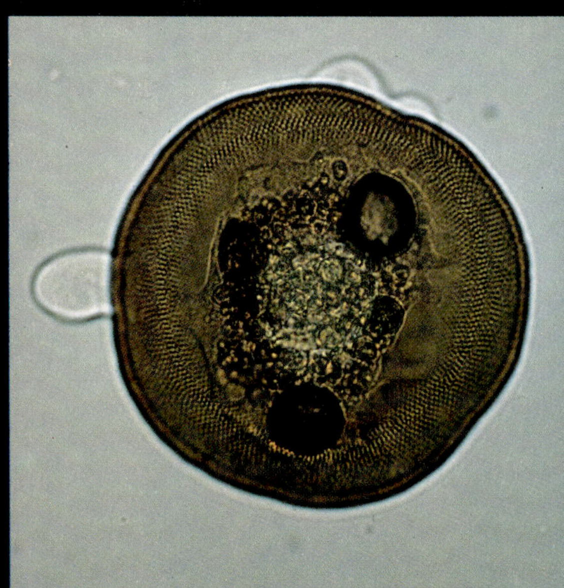

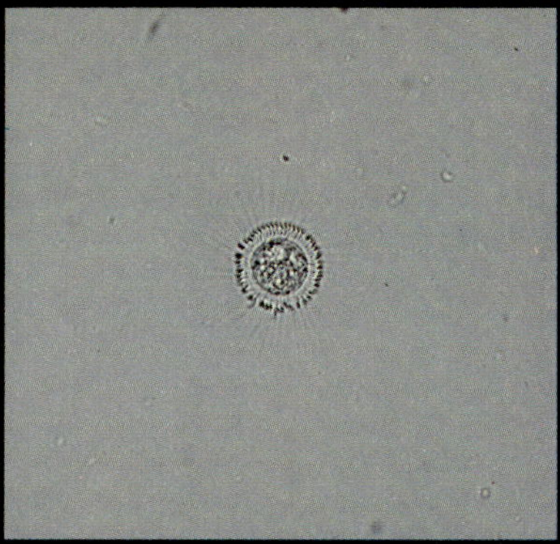

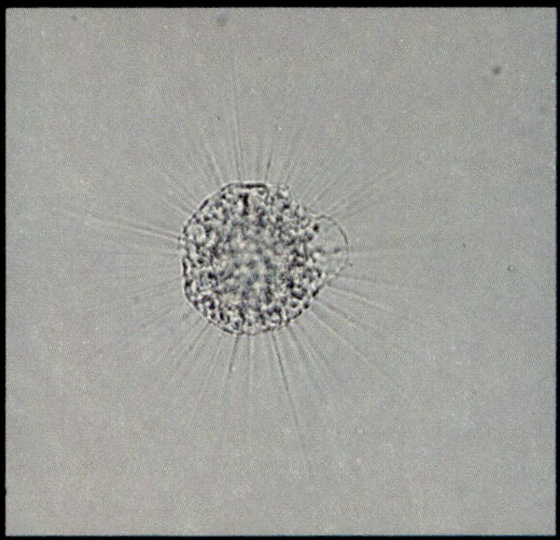

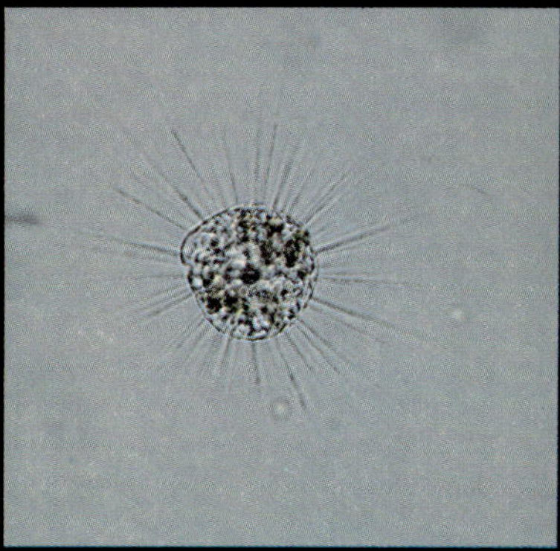

Myriophrys paradoxa, Wimper-Sonnentier. Körper in zytoplasmatischer Hüllschicht mit winzigen Schüppchen. Sehr auffällige Tiere durch lebhaft schlagende, lange Wimpern. Die kürzeren Wimpern nennt man Axopodien, sie sind einziehbar. Durchmesser ca. 40 µm. Man findet sie in pflanzenreichen Uferregionen an sumpfigen Stellen.

Actinosphaerium eichhorni. Tiere ohne Hüllskelett, mit scharf abgesetzter äußerer Zellmasse (Ektoplasma), mit großen, optisch leeren Vakuolen. Innere Zellmasse (Entoplasma) mit Nahrungsvakuolen. Zahlreiche Axopodien lähmen vorüberschwimmende Rädertiere, verkürzen sich dann und ziehen die Beute ins Körperinnere. Schale 200–300 µm. An Wasserpflanzen eutropher Seen.

Actinophrys sol, Sonnentier, ist ein fast kugeliges Sonnentierchen, das viele Blasen (Vakuolen) enthält, die an der Oberfläche am größten sind. Frißt Wimpertiere, Zieralgen und Flagellaten. Durchmesser 40–50 µm. Man findet es häufig in kleinen Seen und Teichen an größeren Algen und anderen Wasserpflanzen. Weit verbreitet, häufig.

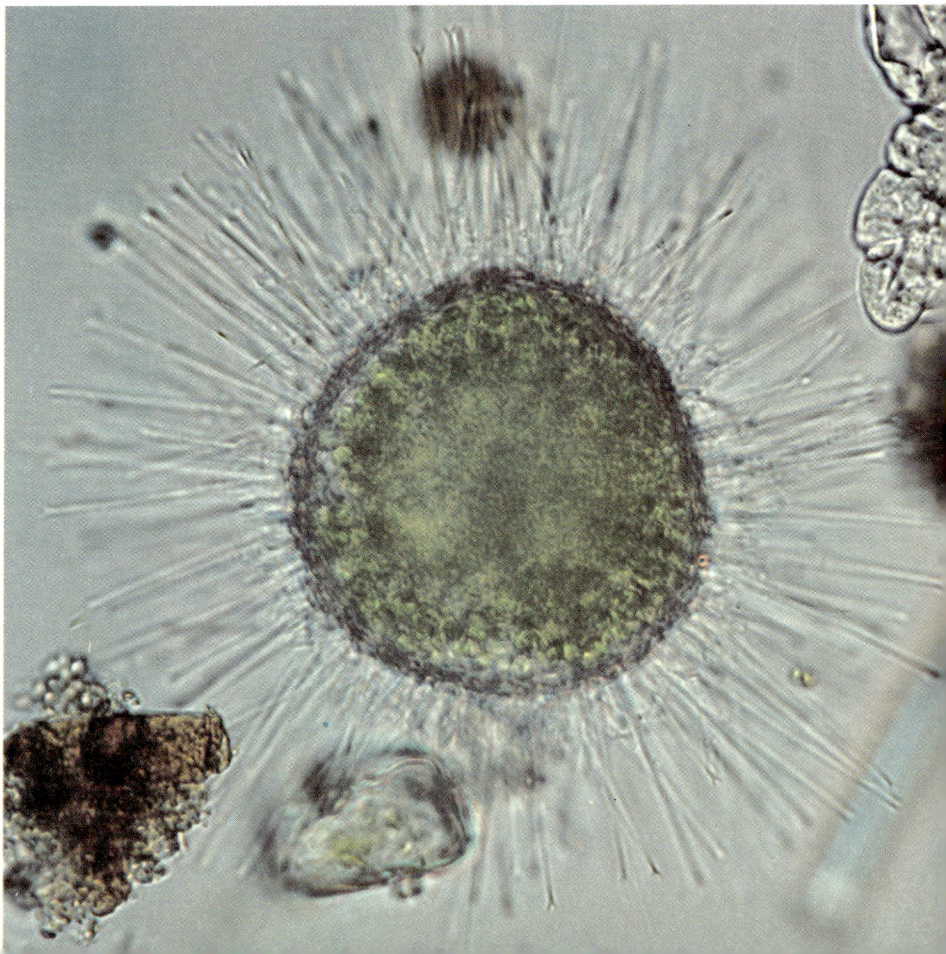

Acanthocystis turfacea. Schuppen der Außenhülle sehr zart. Zwei Formen von radiär ausstrahlenden Kieselnadeln: kurze Nadeln, die am Ende eine breite Gabel haben, und lange Nadeln mit nur einer schwachen Andeutung von Gabelbildung an der Spitze. Beide Nadeltypen basal zu Schuppen verbreitert. Dieses mehr oder weniger tief grün gefärbte Sonnentier hat lange, kräftige Axopodien. Durchmesser 50–60 µm mit Hülle. Gedeiht in Sümpfen, Gräben, Pfützen und anderen kleinen Wasserstellen.

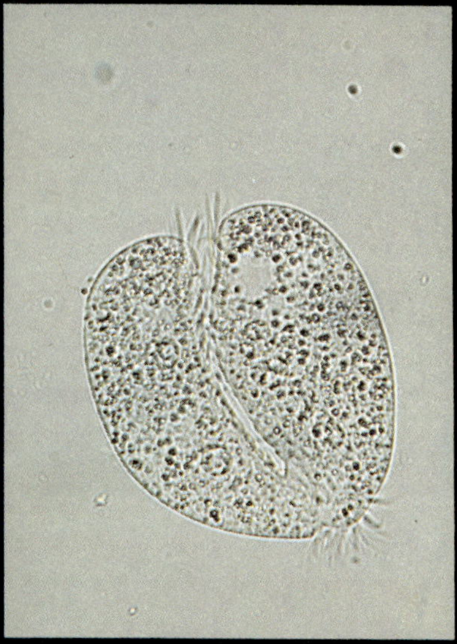

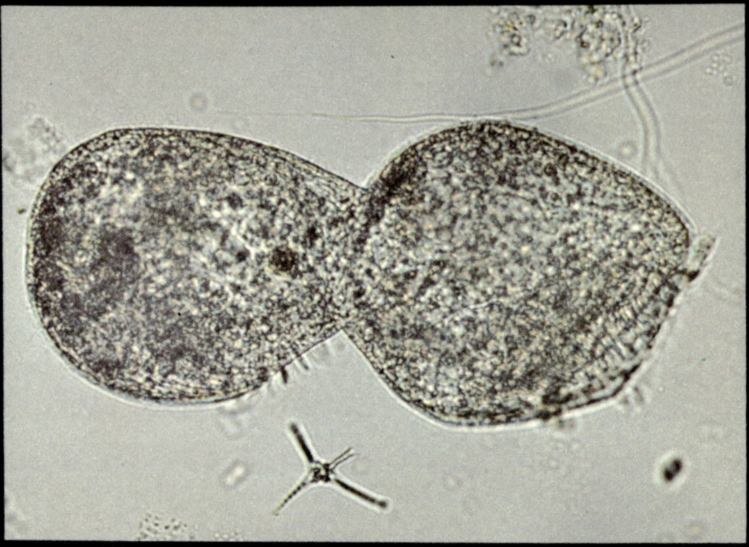

Auf dem Bilde sieht man eine **Paramecium**-Art in „Paarung“. Nach einer Periode gewöhnlicher Teilungen machen die Ciliaten eine Konjugation durch. Zwei Tiere legen sich aneinander, dann lösen sich die Zellmembranen im Kontaktbezirk auf, worauf ein Austausch von Chromosomen erfolgt. Wenn der Vorgang beendet ist, trennen sich die Tiere und vermehren sich vegetativ durch gewöhnliche Zellteilung.

Bei den **Wimpertierchen** erfolgt die vegetative Vermehrung dadurch, daß das Tier sich querteilt, im Unterschied zu den Flagellaten, die sich der Länge nach teilen.

Colpidium campylum ist mehr oder weniger nierenförmig. Die Form variiert aber, je nach Umgebung und Nahrungsangebot. 50–70 µm lang. Frißt Bakterien. Kommt in sehr nährstoffreichen Gewässern sehr häufig vor.

Paramecium caudatum ist durch die Heukulturen aus der Schulzeit vermutlich der bekannteste Mikroorganismus überhaupt. Die charakteristische Körperform und die Plazierung der Mundöffnung etwa in der Mitte der Bauchseite macht diese Art der Gattung leicht erkennbar. Ernährt sich vor allem von Bakterien. Bis 300 µm lang. Kommt in nährstoffreichen kleinen Seen und Teichen vor und kann unter günstigen Verhältnissen in großen Mengen auftreten.

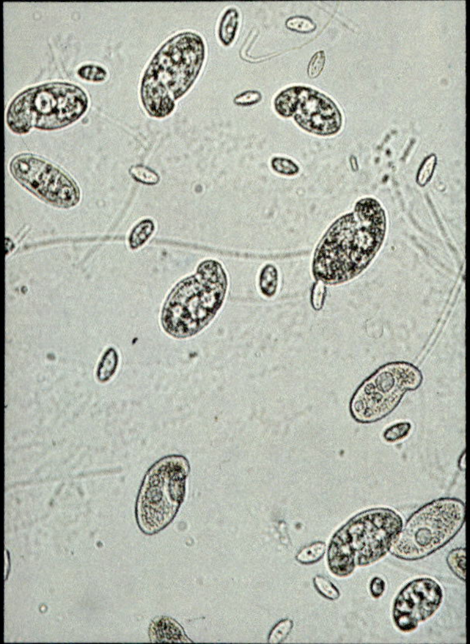

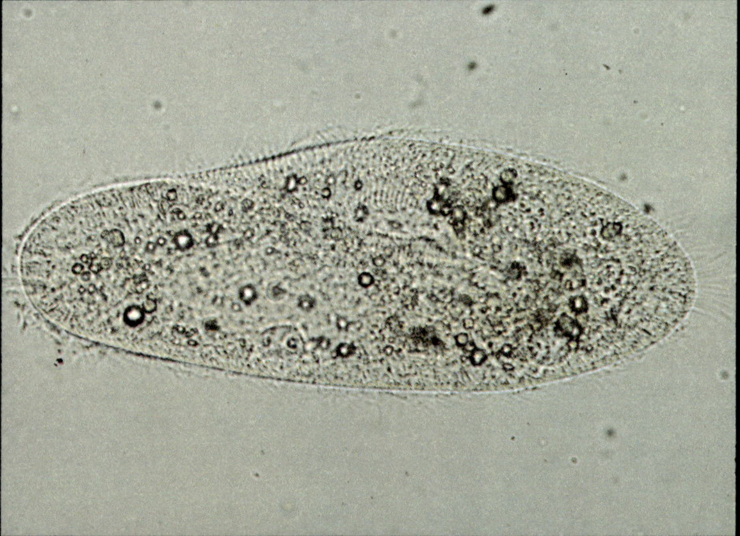

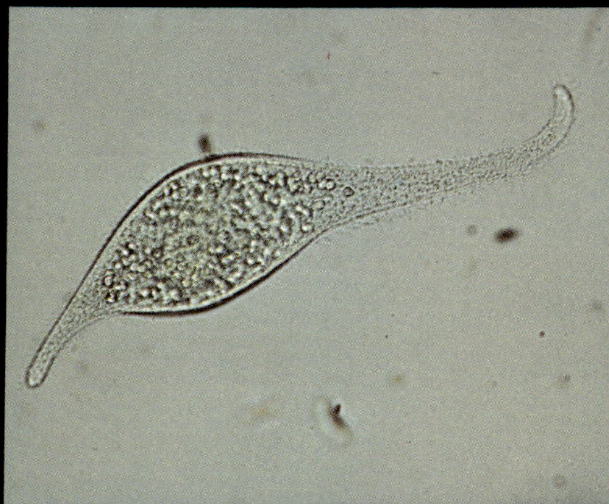

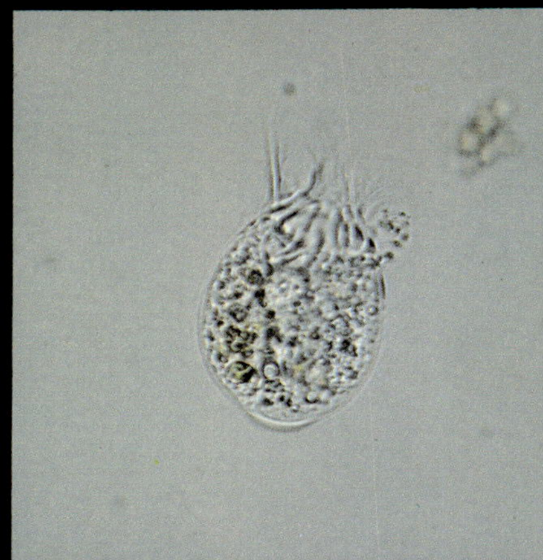

Dileptus anser. Langgestreckte Form mit etwa körperlangem Rüssel. Zellmund an der Basis des Rüssels. Körper beidseitig fein bewimpert. Infusorienräuber. Schlundöffnung weit dehnbar. 300–600 µm lang. In nährstoffarmen Seen.

Strombidium mit eiförmigem Körper. Mundöffnung am Vorderende, von Membranellen umgeben (vgl. *Bursaria* Seite 64). Frißt Grün- und Kieselalgen. 40–80 µm lang. Kommt zwischen Wasserpflanzen in kleineren Wasseransammlungen vor.

Spirostomum ambiguum. Starke „Muskelfäden" zwischen den Wimperreihen machen das Tier sehr biegsam und verdrehbar. Pulsierende Vakuole am Hinterende. Wird wegen ihrer Größe mit manchen Strudelwürmern verwechselt, kann aber, im Gegensatz zu diesen, vorwärts und rückwärts schwimmen. Frißt Bakterien und Algen. 1–4,5 mm lang. (!). Vor allem am Boden nährstoffreicher, überdüngter Seen. An faulenden Blättern teilweise in dichten Rasen.

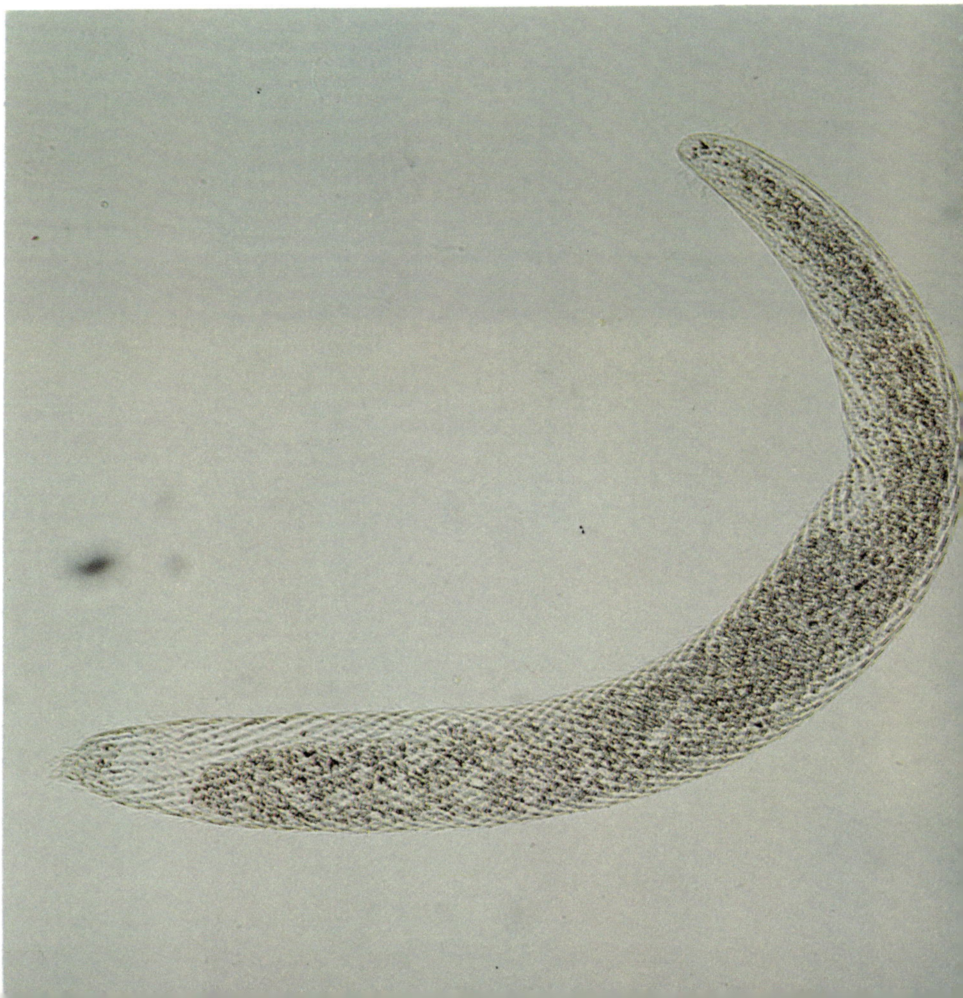

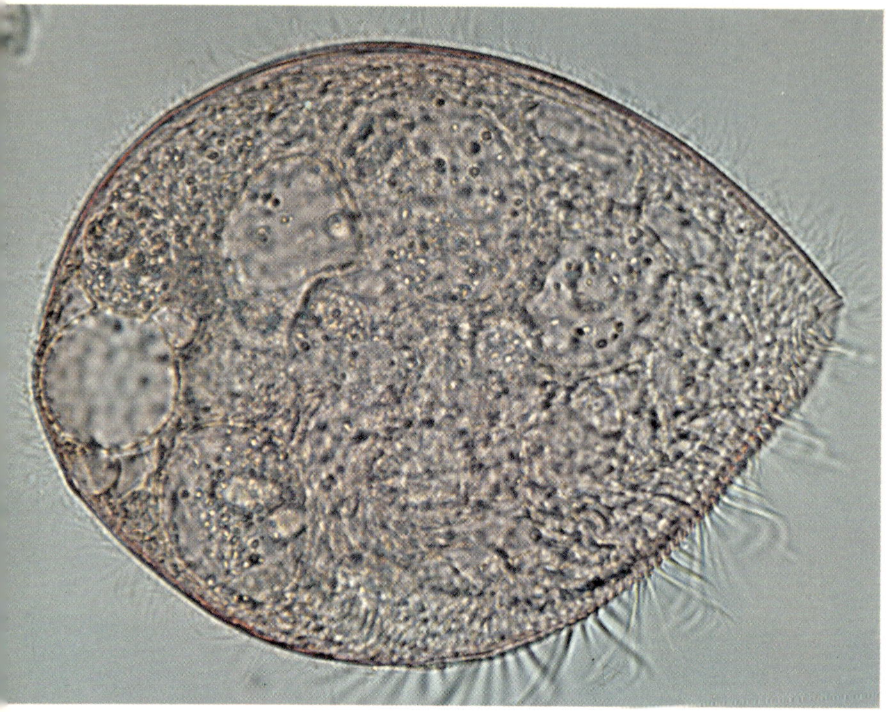

Die meisten **Wimpertierchen** sind mehr oder weniger farblos. Einige Arten sind aber schön gefärbt. Bei diesem rosafarbigen Wimpertier, das zur Ordnung *Spirotricha* gehört, ist der ganze Körper mit Reihen von Wimpern bedeckt. Längs dem Zellmund (am unteren Bildrand) sind die Cilien kräftiger entwickelt. Im Körper sieht man u. a. blasenförmige Gebilde, das sind Nahrungsvakuolen und pulsierende Vakuolen.

Bursaria hat eine sackartige Körperform mit einem langen Zellmund, der vom Vorderende fast bis zum Hinterende verläuft. Ernährt sich von Algen, anderen Wimpertierchen und Rädertierchen. In dem Tier auf dem Bilde kann man mehrere grüne Algenzellen erkennen. Die Gattung kommt in allen Typen von Seen und Teichen vor.

Prorodon ist durch die ovale bis eiförmige Körperform gekennzeichnet. Einige Arten sind durch symbiontisch lebende Algen, sogenannte Zoochlorellen, grün gefärbt. Die Körperoberfläche ist von feinen Wimpern (Cilien) bedeckt. Meistens 80–200 µm lang. Einige Arten der Gattung kommen häufig in nährstoffreichen Seen und Teichen vor.

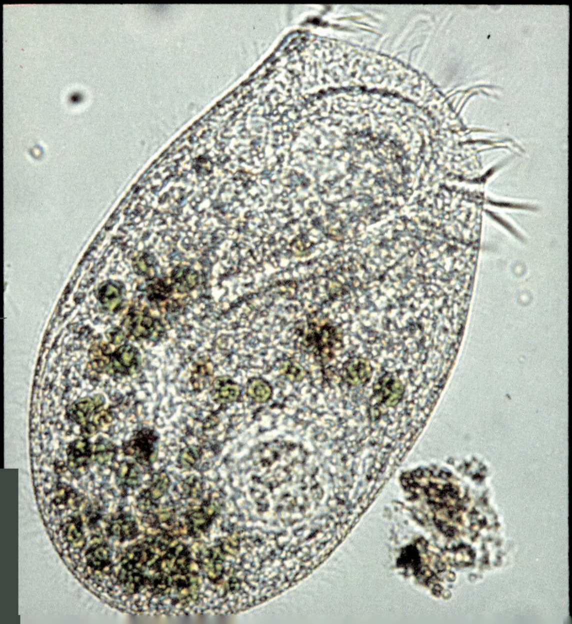

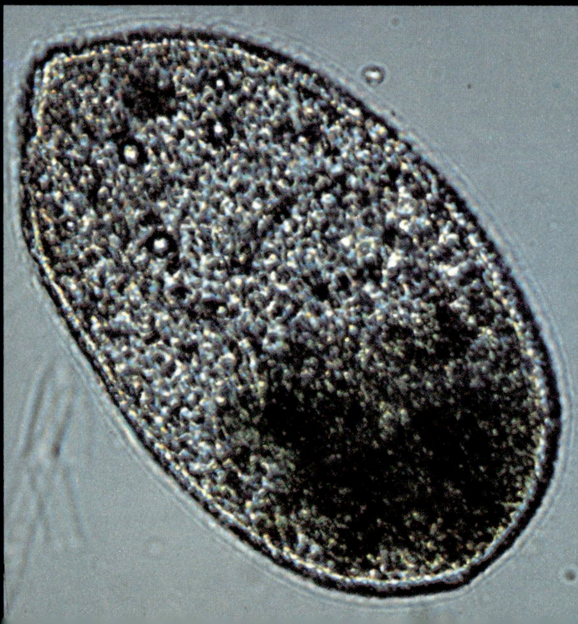

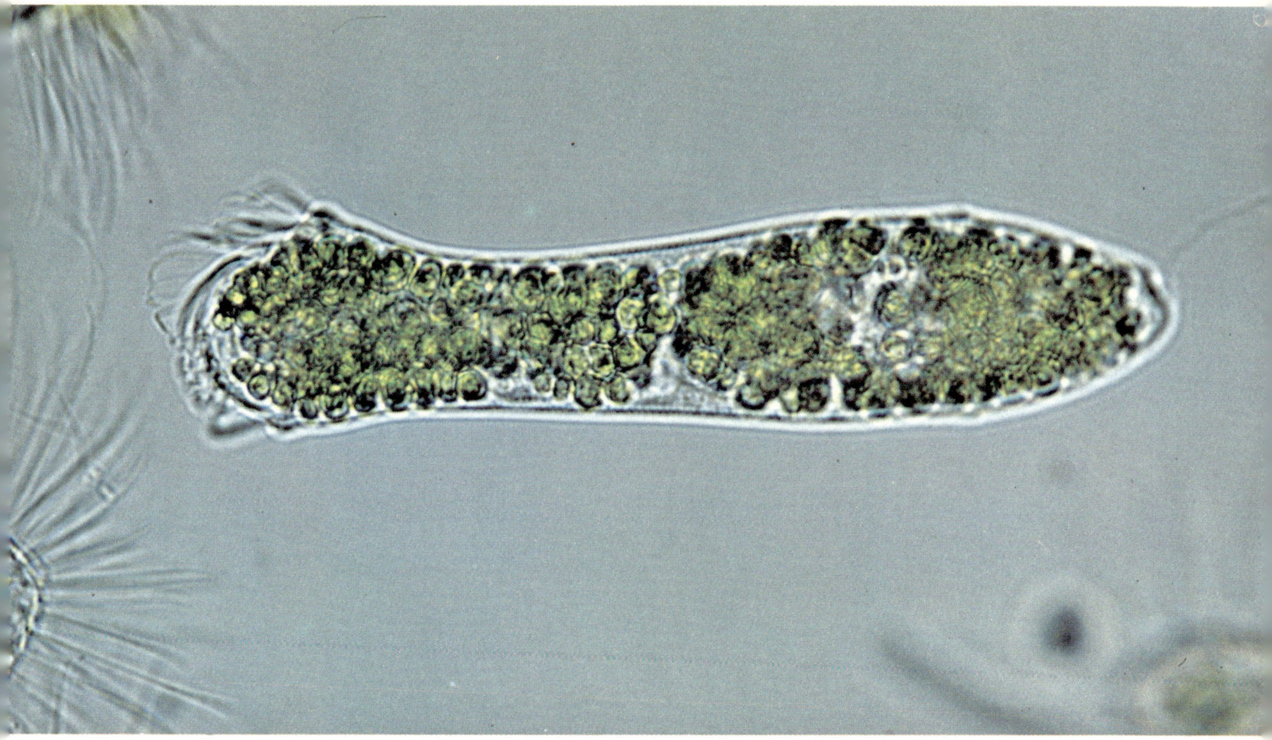

Ophrydium versatile ist ein koloniebildender Ciliat mit mehreren hundert Tieren am Rand eines gemeinsamen Gallertklumpens. Auf dem Bilde sieht man ein einziges Tier. Die grüne Farbe wird von symbiotisch lebenden Algen (Zoochlorellen) verursacht. Die Gallertklumpen der Kolonien können mehrere Zentimeter groß werden, und man sieht sie dann leicht in sehr sauberen Seen. Einzeltierchen 400–500 µm. Frißt Algen und Bakterien.

Stylonychia mytilus. Größe und Gestalt wechseln stark, die Art ist in charakteristischer Weise bewimpert: Die drei langen Schwanzzirren, die aus dem Hinterende hervorragen, fasern am Ende in Einzelcilien auf. Frißt Algen, Kieselalgen, kleinere Ciliaten. 100–300 µm lang. Man findet *Stylonychia* in Gewässern aller Art, am häufigsten aber in Sumpfwasser.

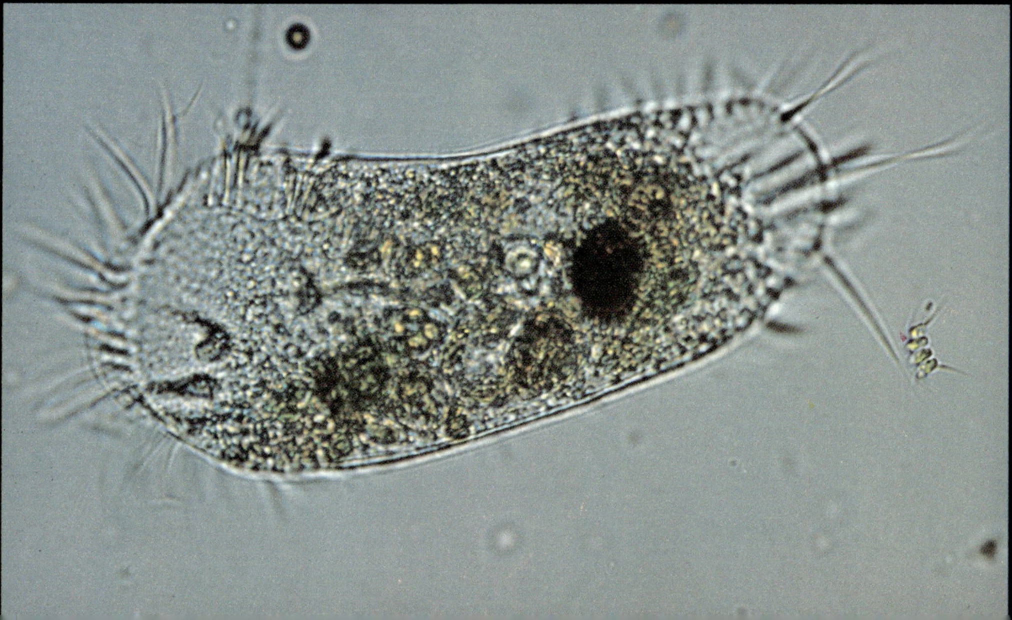

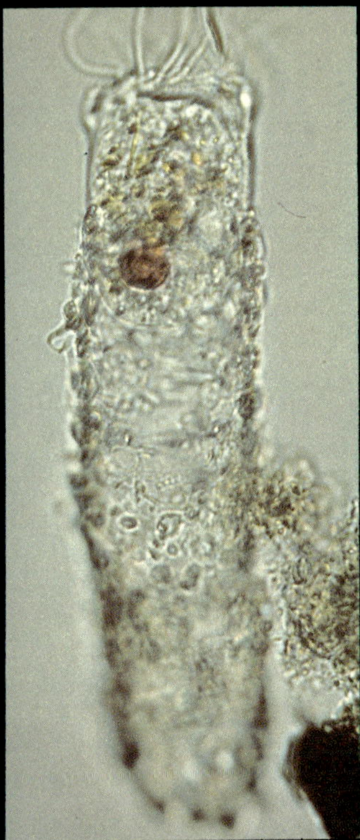

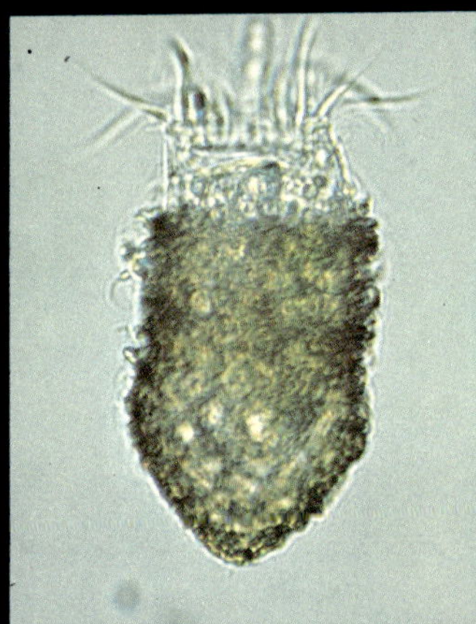

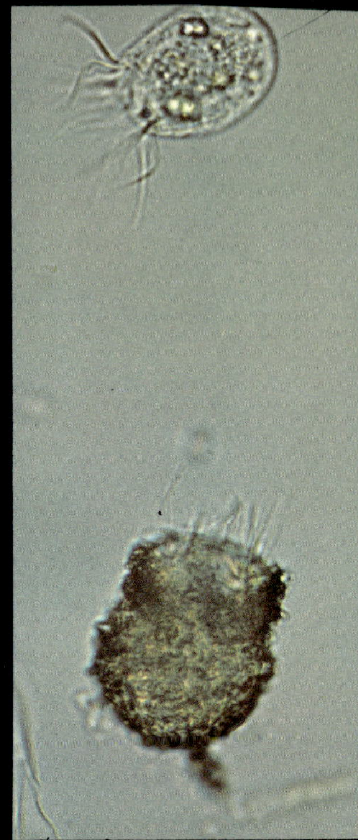

Tintinnidium fluviatile mit festem, zylindrischem Gehäuse aus pseudochitiniger Masse. Außen dicht mit Fremdkörpern überkrustet. Das Tier haftet im Gehäuse an der Seitenwand mit kontraktilem, stielartig verlängertem Hinterkörper. Frißt Algen und Kieselalgen. Gehäuse 100–300 µm lang. In jedem größeren Gewässer, planktisch.

Tintinnopsis lacustris. Ziemlich kurzes, zylindrisches Gehäuse, hinten abgerundet oder etwas zugespitzt. Das Tier rechts hat sich ins Gehäuse zurückgezogen, nur die speziellen Tastcilien schauen heraus. Im gleichen Bild oben ein Tier ohne Gehäuse. Gehäuse 40–140 µm lang. Sehr häufig im Plankton stehender Gewässer.

Epistylis rotans. Freischwimmende Kolonien. Einzeltiere gestielt. Stiele nicht kontraktil. Körper schlank, trichter- bis glockenförmig. Die Mundfelder nach der Seite und oft leicht nach hinten gerichtet. Frißt Bakterien und Flagellaten. Einzeltiere 70–100 µm, Kolonien bis 1 mm lang. Häufig im Plankton von Seen und Teichen. ▼

Coleps hirtus. Körper tonnenförmig mit drei Hinterdornen (im Bild nur zwei deutlich erkennbar). Die Tiere rotieren rasch und ändern häufig die Schwimmrichtung. Fressen vor allem andere Ciliaten. 55–65 µm lang. In Seen mit viel pflanzlichem Detritus.

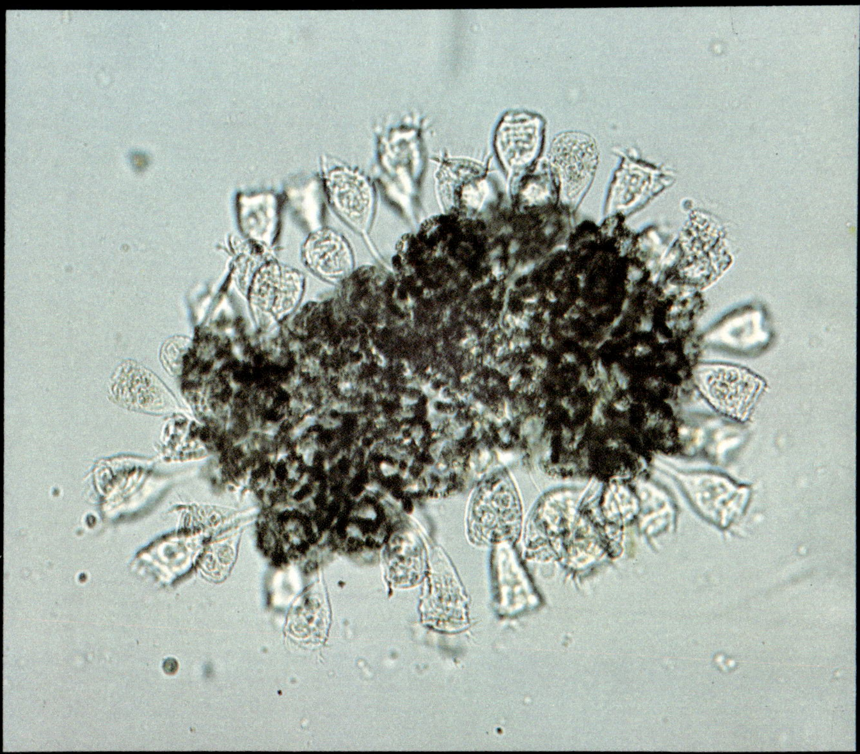

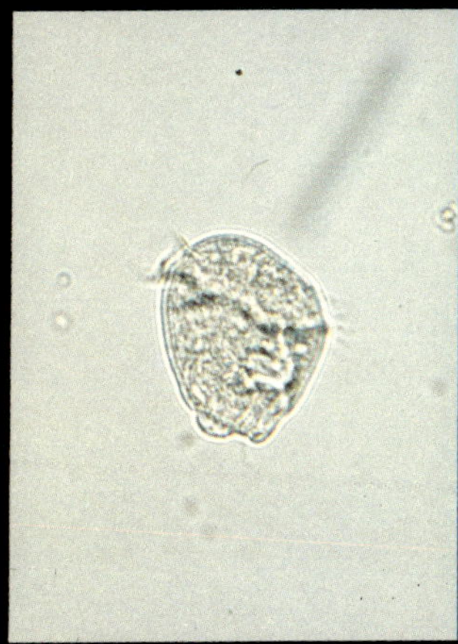

Vorticella (Glockentierchen) lebt festsitzend auf verschiedenen Unterlagen wie Wasserpflanzen, Algenkolonien u. ä. (Bild links eine Kolonie von Blaualgen). Unter gewissen Umständen, u. a. bei der Vermehrung, kommen auch freischwimmende Exemplare vor, bei denen man nur eine Spur des Anheftungsstieles erkennen kann (Bild rechts). Die Glockentierchen bilden im Gegensatz zu ihren nahen Verwandten *Zoothamnion* keine Kolonien. Die Tiere sitzen mit Hilfe ihrer kontraktilen Stiele fest auf der Unterlage.

Auf diesen Bildern sieht man eine **Vorticella similis** nach der Teilung, bevor das Tier rechts davonschwimmt, um sich anderswo niederzulassen und einen eigenen Stiel zu entwickeln. Man sieht auch deutlich den „Muskelfaden" im Stiel, mit dem das Tier den Stiel schnell spiralförmig kontrahieren kann, wenn es gestört wird.

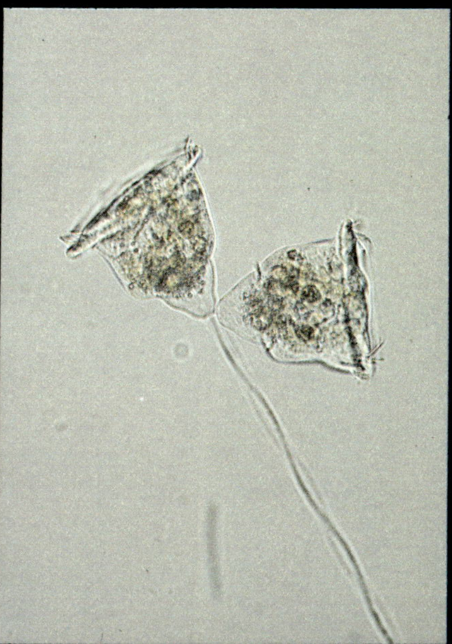

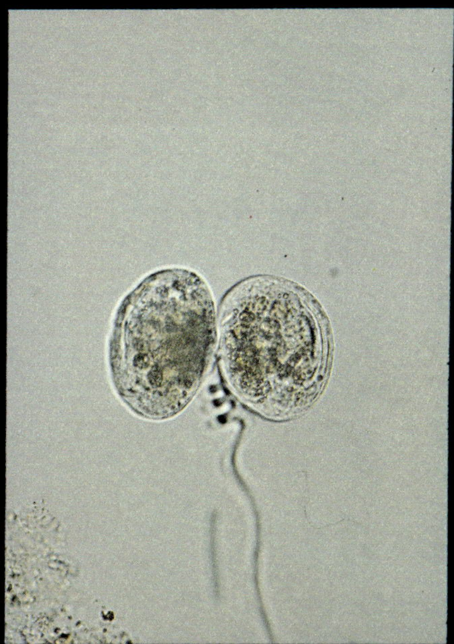

Stentor polymorphus kommt wie die anderen Arten der Gattung auf einer Unterlage festsitzend vor. Zeitweilig kann man aber auch freischwimmende Tiere finden. Das Tier enthält symbiontisch lebende Algen, sog. Zoochlorellen. 1–2 mm lang. Kommt an Wasserpflanzen und Pflanzenteilen in nährstoffreichen Seen vor, oft in größerer Anzahl.

Die Trompetentiere haben wie die Glokkentiere das Vermögen, sich zu kontrahieren, wenn sie gestört werden. Die Bildserie zeigt einen **Stentor coeruleus,** der sich nach einer Kontraktion wieder ausstreckt. Die Art kommt vor allem in kleineren Wasseransammlungen mit großen Mengen an totem Pflanzenmaterial vor.

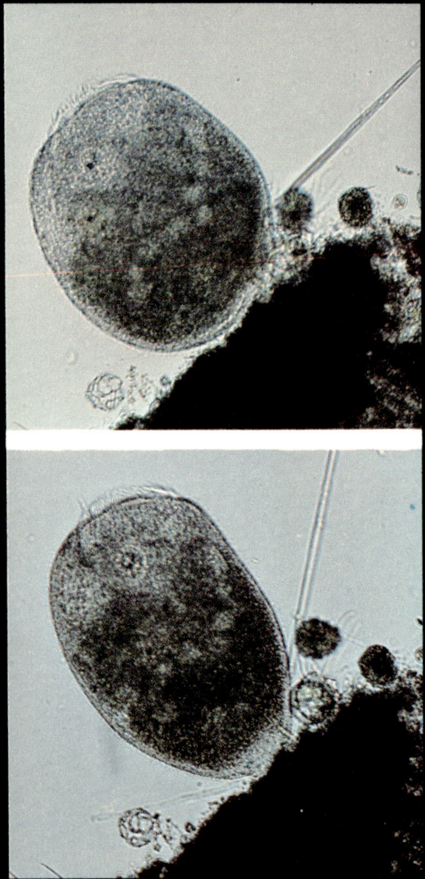

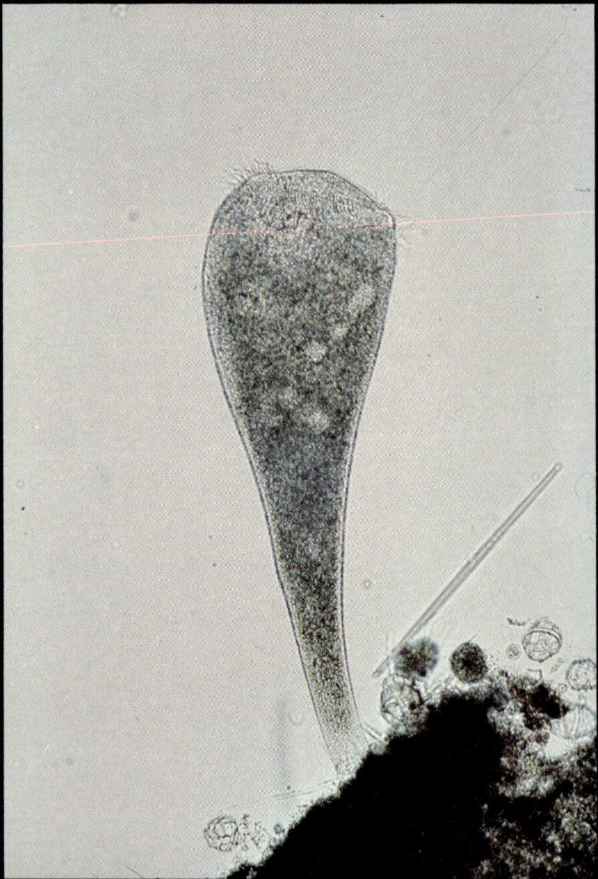

Staurophrya elegans gehört zu der Gruppe der Sauginfusorien. Der farblose, fast ganz durchsichtige Körper hat sechs Ausbuchtungen (man sieht nur vier auf dem Bilde), die je 12–30 Tentakel haben. Die Art entwickelt eine hutförmige Dauercyste, die frei im Wasser schwebt. Das Tier frißt andere Ciliaten und wahrscheinlich auch Kieselalgen. Körper 50–65 µm, Tentakel bis 300 µm. Man kann einzelne Exemplare vor allem in größeren, nährstoffarmen Seen finden.

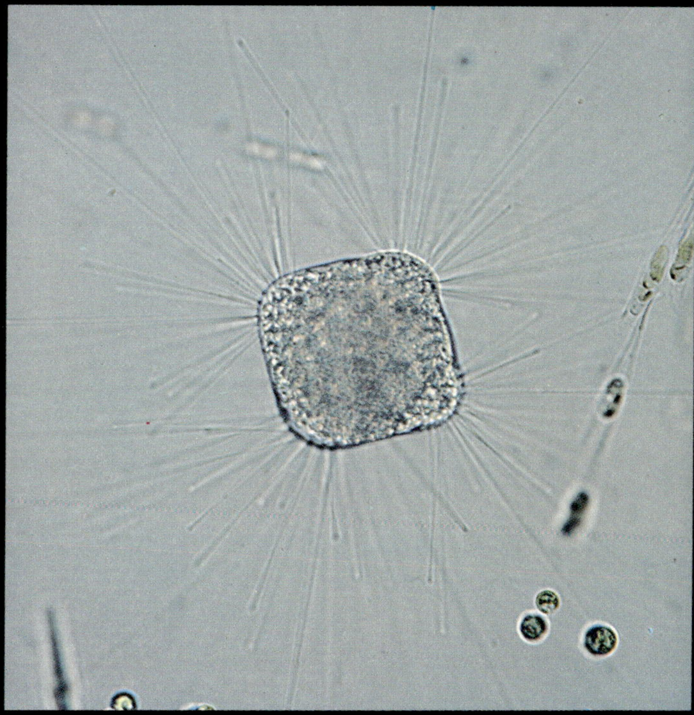

Podophrya fixa gehört, wie die vorige Art, zu der Gruppe der Sauginfusorien. Vom Körper aus strahlen nach allen Richtungen Tentakel variierender Länge. 10–50 µm lang. Kommt in nicht zu nährstoffreichen Seen vor, festsitzend auf toten Pflanzen und Algen.

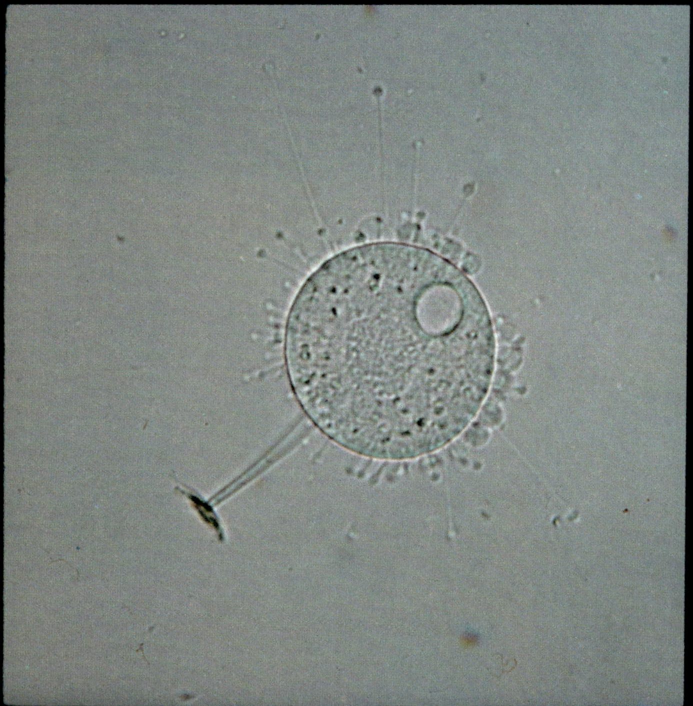

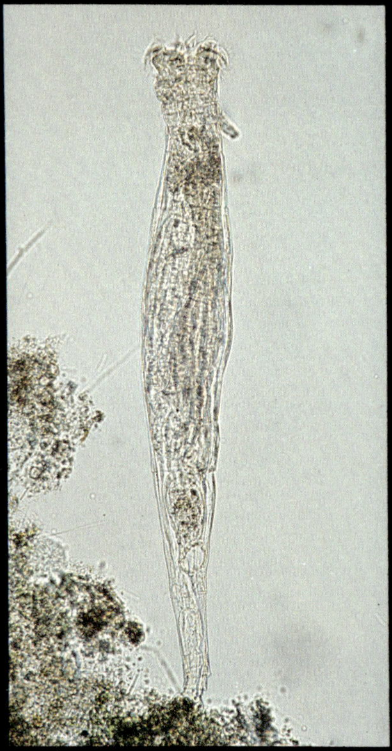

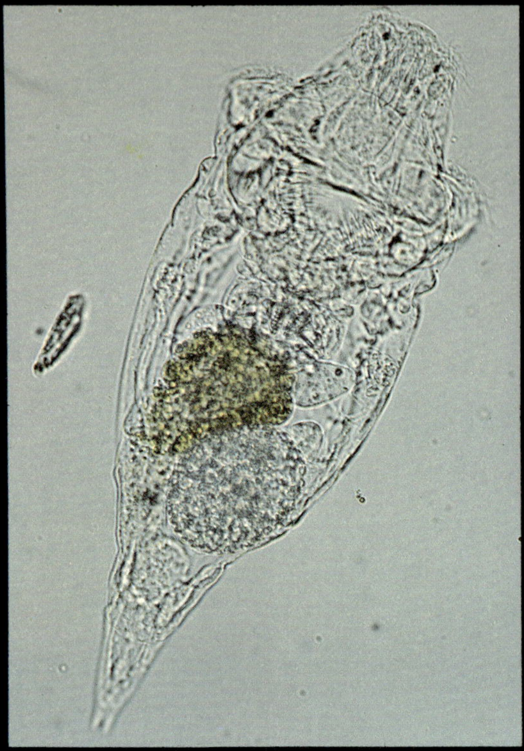

Die Gattung **Rotaria** gab den Rädertieren *(Rotatoria)* ihren Namen. Körper schlank, auf dem Rücken 2 Augenflecke vor dem Dorsaltaster. Fuß teleskopförmig, sehr kontraktil, 5- bis 6gliedrig, mit 3 Zehen. Lebendgebärend. An Pflanzen in Gewässern verschiedener Typen.

Rhinoglena frontalis *(Rhinops vitrea).* Ungepanzert. Am Vorderende bewimperter Rüssel mit 2 roten Augen. In kalten Gewässern aller Art, im Frühjahrsplankton zuweilen häufig.

Brachionus diversicornis. Gepanzert, mit zwei ungleichlangen Dornen am Hinterende. Panzer 200–565 µm lang. Einzelne Exemplare vor allem in kalkreichen Seen und kleineren Gewässern. Abgebildet ist ein Weibchen mit 4 Eiern.

Brachionus urceolaris mit gleichlangen Dornen am Panzervorderrand, die mittleren bisweilen etwas kürzer. Panzer 185–280 µm lang. Meist auf fester Unterlage, manchmal auf im Wasser schwebenden Algenkolonien oder gar größeren *Daphnia*-Arten anzutreffen. Lebt in kalkreichen, nährstoffreichen Gewässern.

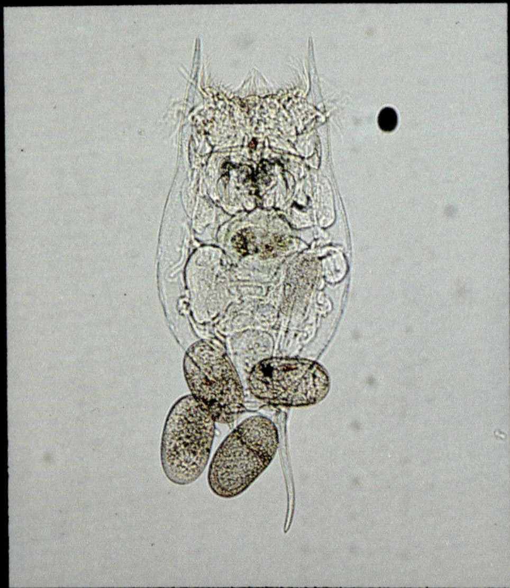

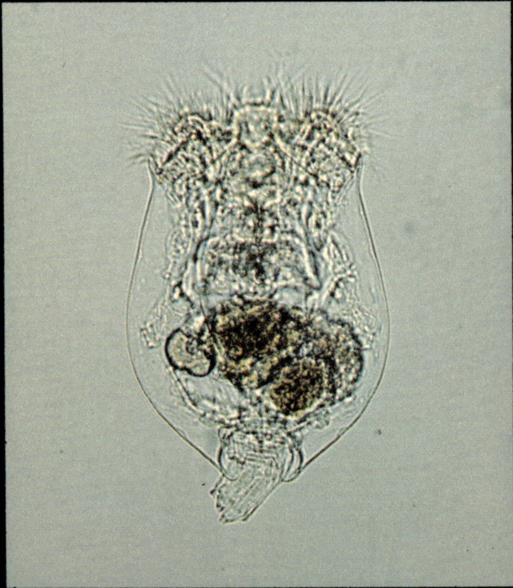

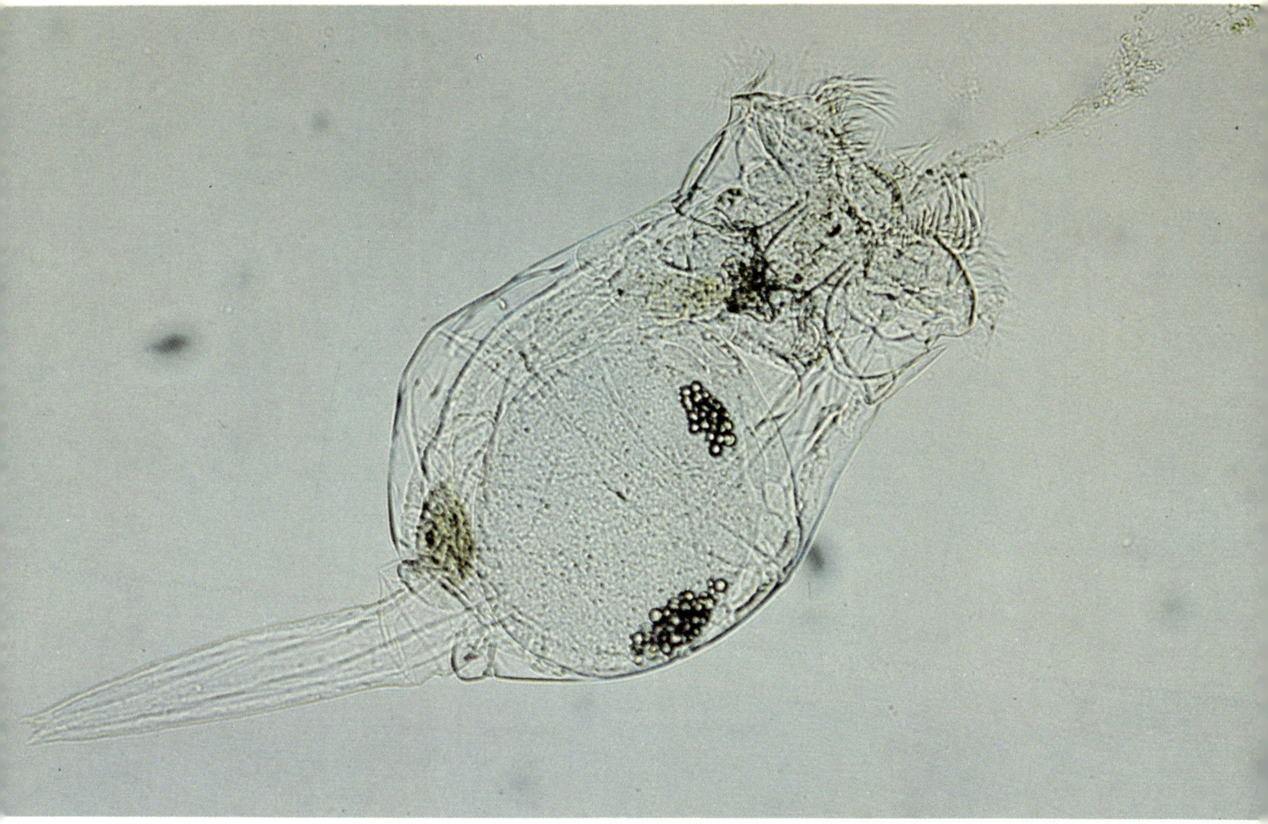

Wie die anderen Arten der Gattung ist **Brachionus calyciflorus** gepanzert und hat einen gegliederten, kontraktilen Fuß. Der Panzer hat am Vorderrand vier hornförmige Dornen. Panzer 200–500 µm. Kommt oft in nährstoffreichen Teichen und anderen kleinen Gewässern zahlreich vor, selten in größeren Seen.

Brachionus calyciflorus zeigt eine interessante Formenvariation. Wenn *Asplanchna priodonta* (S. 79) gleichzeitig in der Planktongesellschaft vorkommt, werden am Hinterende des Panzers zwei spitze Dornen zur Abwehr des Angreifers entwickelt.

Im Gegensatz zu seinen Verwandten hat **Brachionus angularis** nur zwei kleine Dornen am Vorderrand des Panzers. Panzer 90–350 µm lang. Man findet die Art in mehr oder minder nährstoffreichen Seen und kleineren Gewässern, wo sie im Frühjahr und Herbst in großen Mengen auftreten kann.

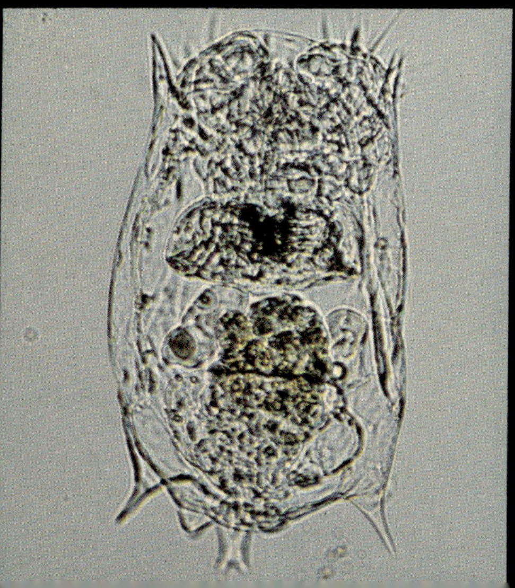

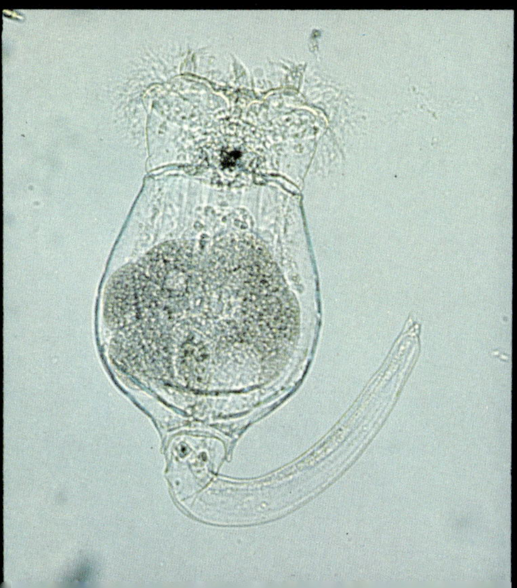

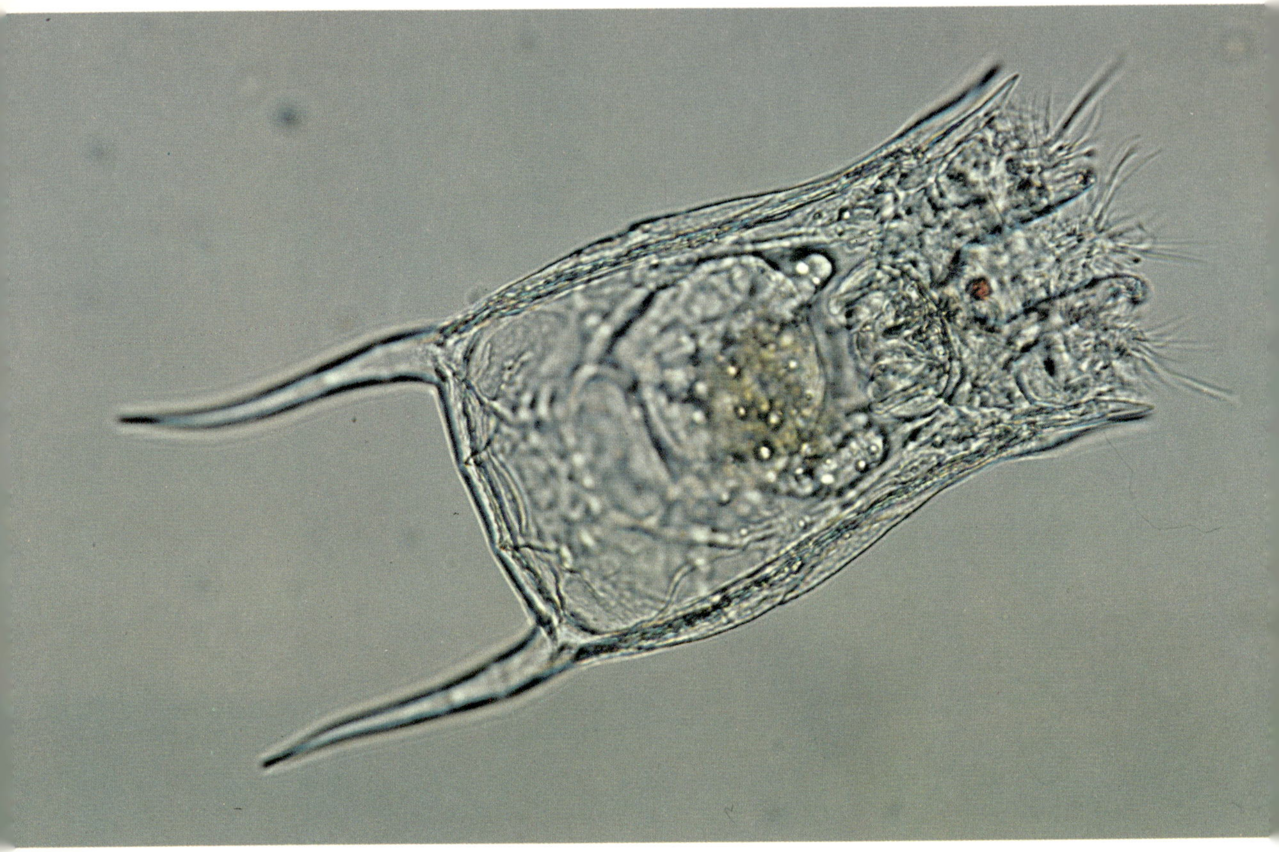

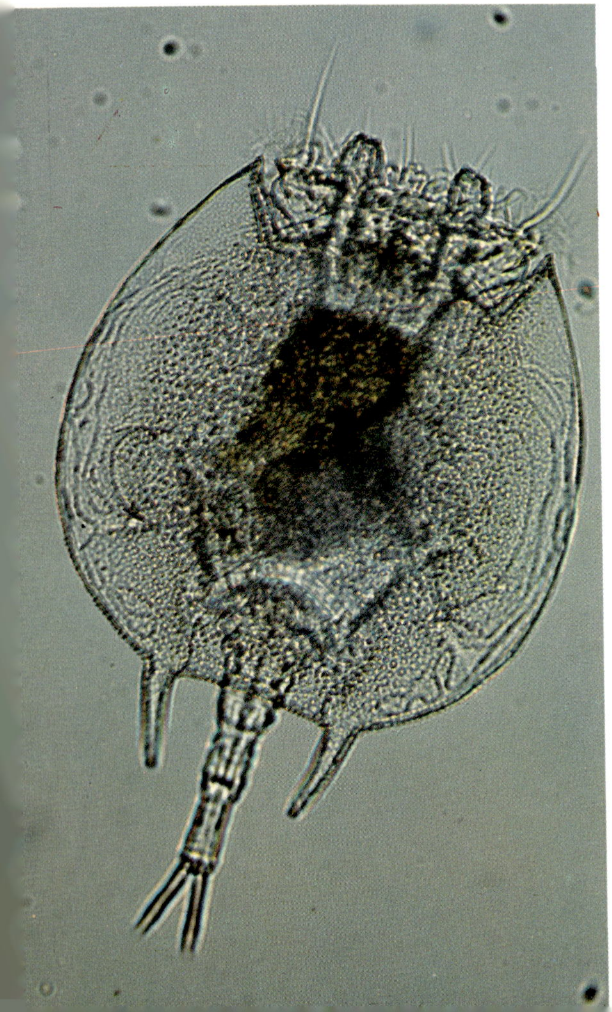

Keratella quadrata hat einen wohlentwickelten Panzer, einen rubinroten Augenfleck, im Gegensatz zu *Brachionus*-Arten aber keinen Fuß. Größe, Form und Struktur des Panzers variieren beträchtlich je nach Jahreszeit, ebenso die Länge der beiden hinteren Dornen. Panzer 200–250 µm. In stehenden Gewässern aller Art. Ernährt sich von Plankton und toten Pflanzen.

◀ **Platyias quadricornis** mit schildförmigem Panzer, vorn zwei nach vorn gerichtete stumpfe Dornen, hinten zwei spitze Dornen. 175–360 µm lang. An Wasserpflanzen im Uferbereich kleiner Seen und Teiche.

Keratella cochlearis variiert stark je nach Jahreszeit ▶ und dem Charakter des Wassers. Viele verschiedene Formen wurden daher beschrieben. Hinterer Dorn im Winter am längsten; kann im Sommer dornlos sein. 80–320 µm lang. Gewässer aller Typen, häufig. Bild links: Tier von unten, Bild Mitte: Weibchen mit Ei.

Bei **Anuraeopsis fissa.** Panzer ohne vordere Dornen. ▶ Rückenpanzer relativ kräftig gewölbt, Bauchpanzer fast flach. Auffällig großer Augenfleck. Panzer 80–120 µm. Sommerplankton von Tümpeln und Teichen.

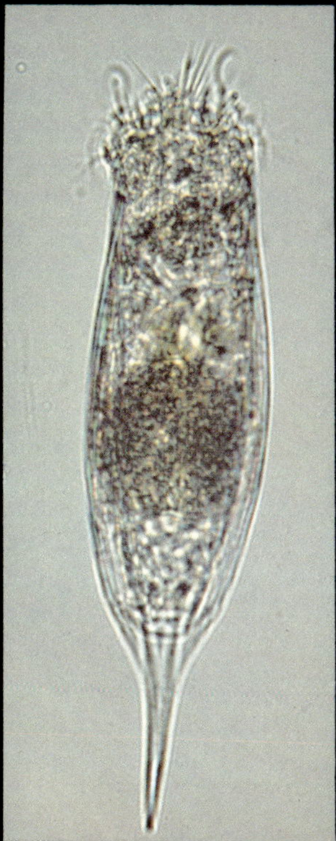

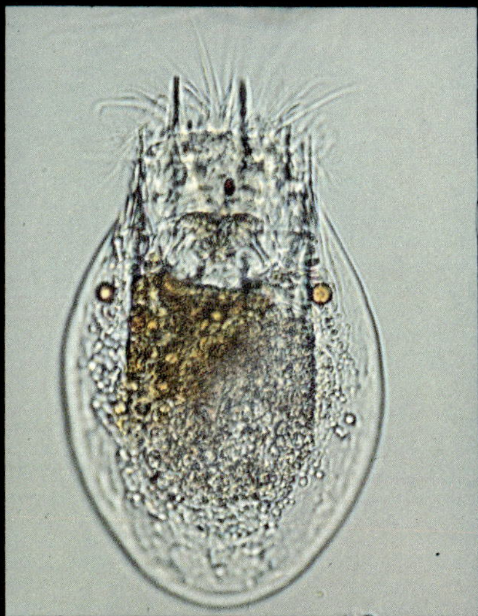

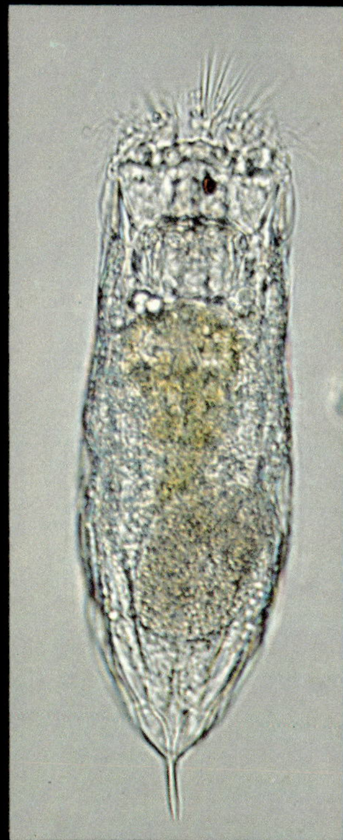

Notholca caudata. Panzer mit spitz ausgezogenem hinterem Dorn. Bevorzugt niedrige Wassertemperaturen. Panzer 360–390 μm lang. Verbreitungsgebiet beschränkt sich auf Schweden und Finnland.

Notholca squamula. Keine oder nur angedeutete Hinterdornen. Panzer 120–180 μm. Im Winter häufig in Seen und Teichen, im Sommer in den tieferen und kühleren Wasserschichten größerer Seen. Im abgebildeten Tier sind gelbbraune Öltropfen erkennbar.

Argonotholca foliacea. Panzer blattförmig, auf dem Rücken mit deutlichem Mittelgrat. Hinterende in kurzen spitzen Fortsatz ausgezogen. Panzer 140–180 μm lang. In Seen und Teichen; am häufigsten im Winter.

▼ Keratella cochlearis ▼

▼ Anuraeopsis fissa

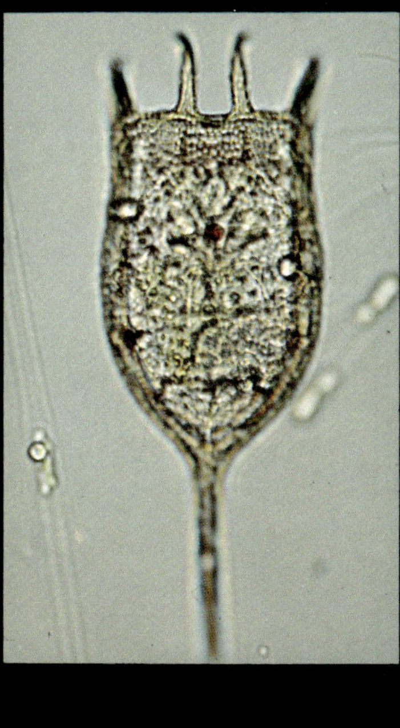

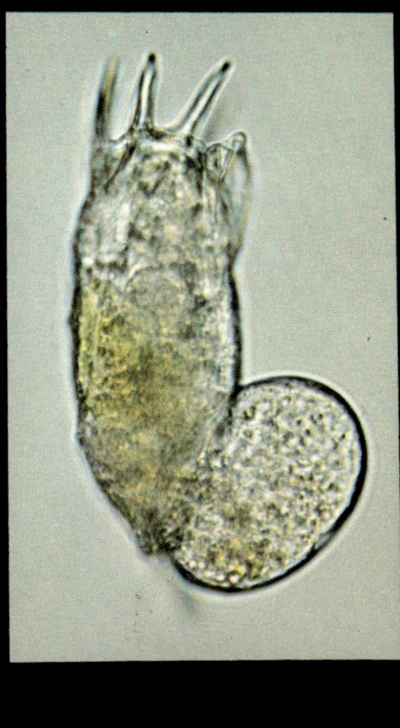

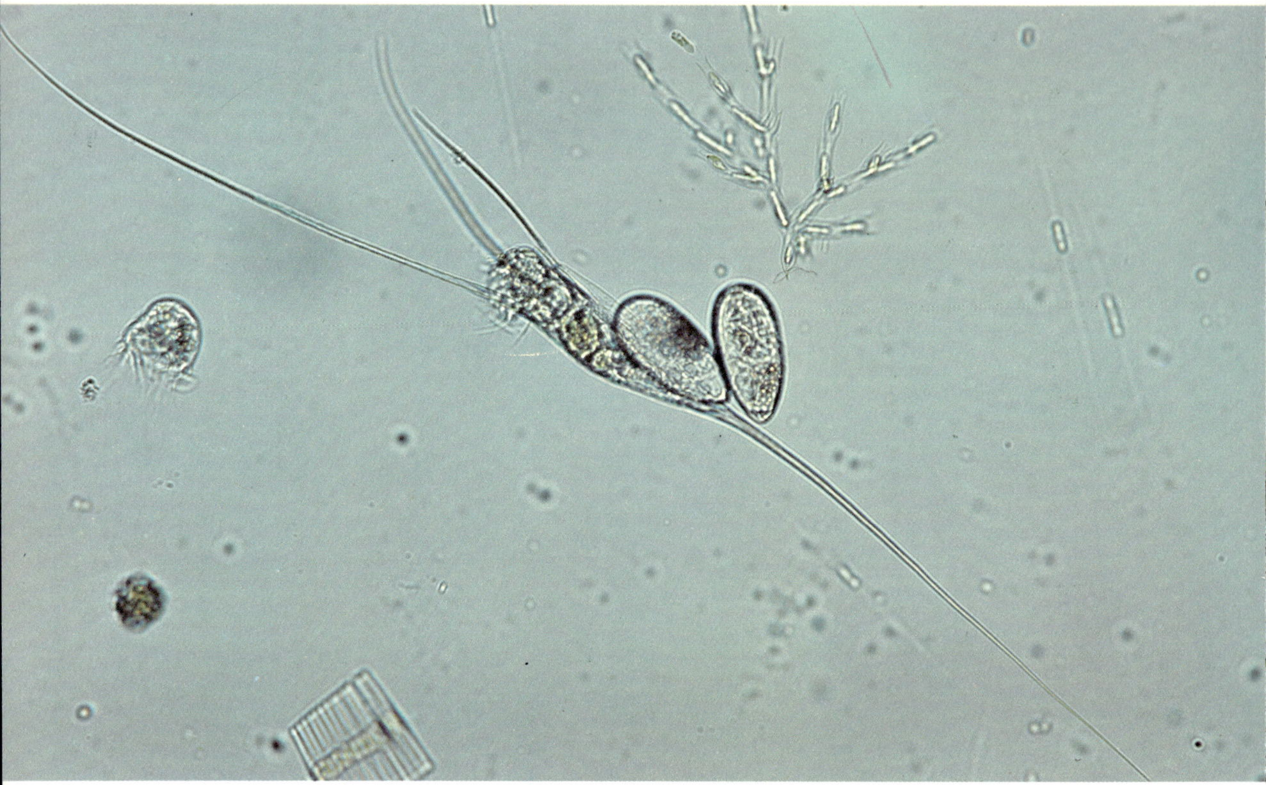

Kellicottia longispina hat einen Panzer mit glatter Oberfläche. Der Vorderrand hat 6 Dornen verschiedener Länge. 450–850 μm lang. Kommt häufig in großen, nährstoffarmen Seen vor, dagegen nicht so häufig in nährstoffreichen Seen. Außer dem *Kellicottia*-Weibchen mit zwei Eiern sieht man auf dem Bild u.a. ein Wimpertier, die Kieselalge *Fragilaria crotonensis,* eine *Dinobryon*-Art und einige Exemplare der Kieselalge *Rhizosolenia longiseta.*

Trichotria pocillum hat einen kräftig gepanzerten Körper mit verhältnismäßig scharfen Kanten. Der Fuß ist gebogen und mit langen Stacheln ausgerüstet. Letztes Fußglied mit Fortsatz zwischen den Zehen. Die Art hat einen ausgeprägten roten Augenfleck. Panzer 110–140 μm. Kommt zwischen Wasserpflanzen in Gewässern aller Art vor.

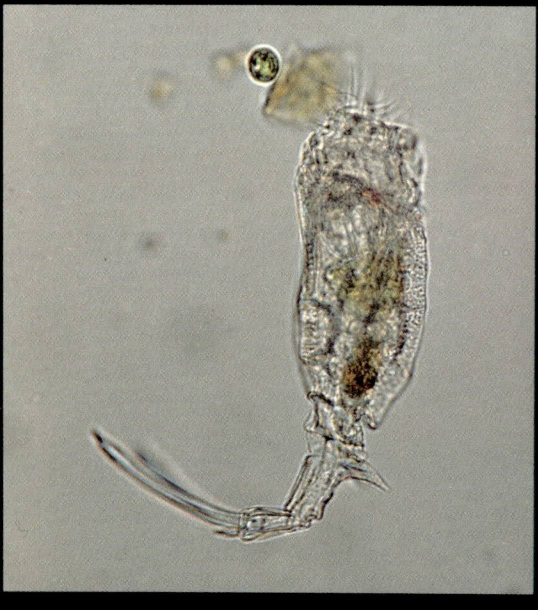

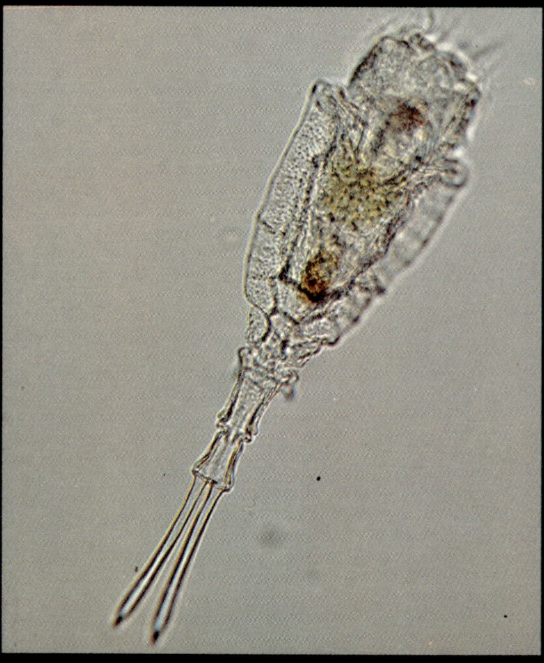

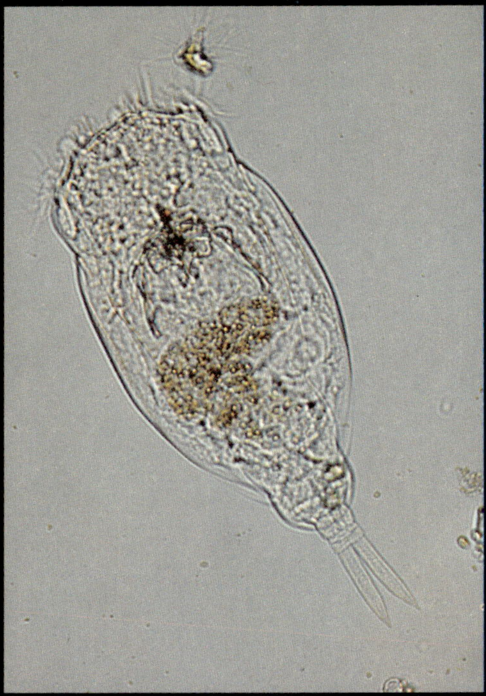

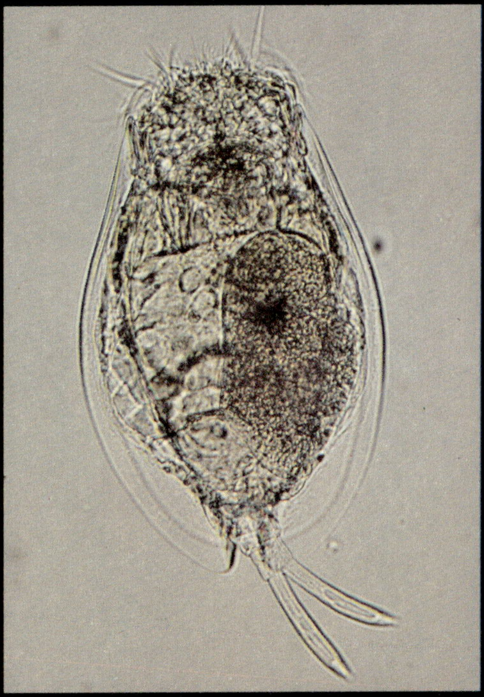

Euchlanis lyra. Groß, gepanzert mit Rückenschild (etwas größer als Bauchschild). Auffallend durchsichtig. Fuß kurz, eines der Fußglieder mit langen, steifen Tastborsten. 200–600 µm lang. Zwischen Wasserpflanzen der Uferzone.

Euchlanis dilatata. Etwas rundere Körperform als die vorige Art. Erheblicher Größenunterschied zwischen Rücken- und Bauchpanzer, erscheint als heller seitlicher Rand. 200–270 µm lang. Oft zahlreich in der Uferzone.

Scaridium longicaudum sieht man hier von unten und von der Seite. Das letzte Fußglied ist verhältnismäßig lang, fast so lang wie die Zehen. 360–425 µm lang. Die Art zieht seichte, sommerwarme Seen vor, wo sie zwischen Wasserpflanzen vorkommt.

Monommata longiseta. Ohne Panzer. Zehen ungleich lang, länger als Körper. Großes rotes Auge. 200–250 µm lang. Pflanzenreiche Kleingewässer.

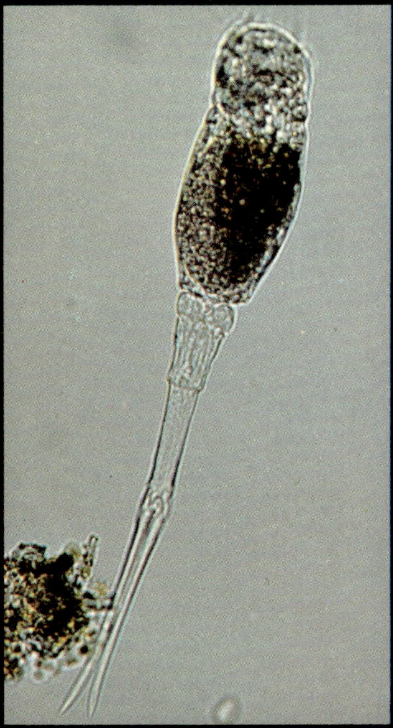

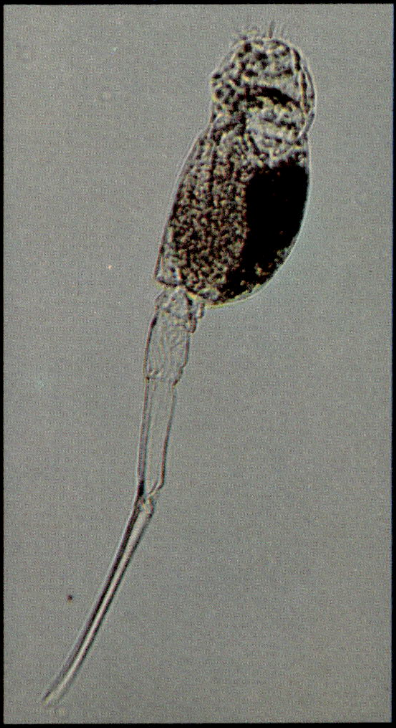

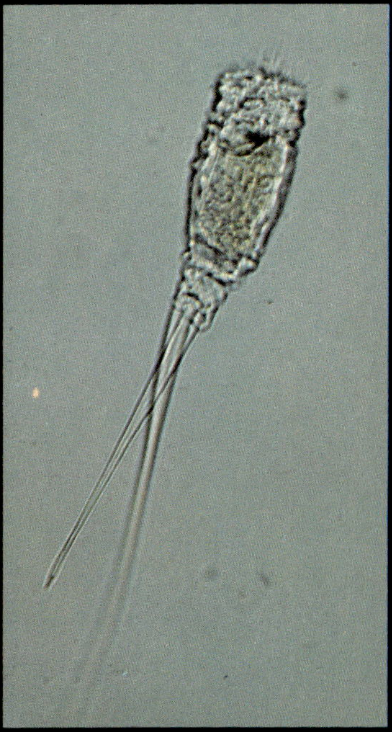

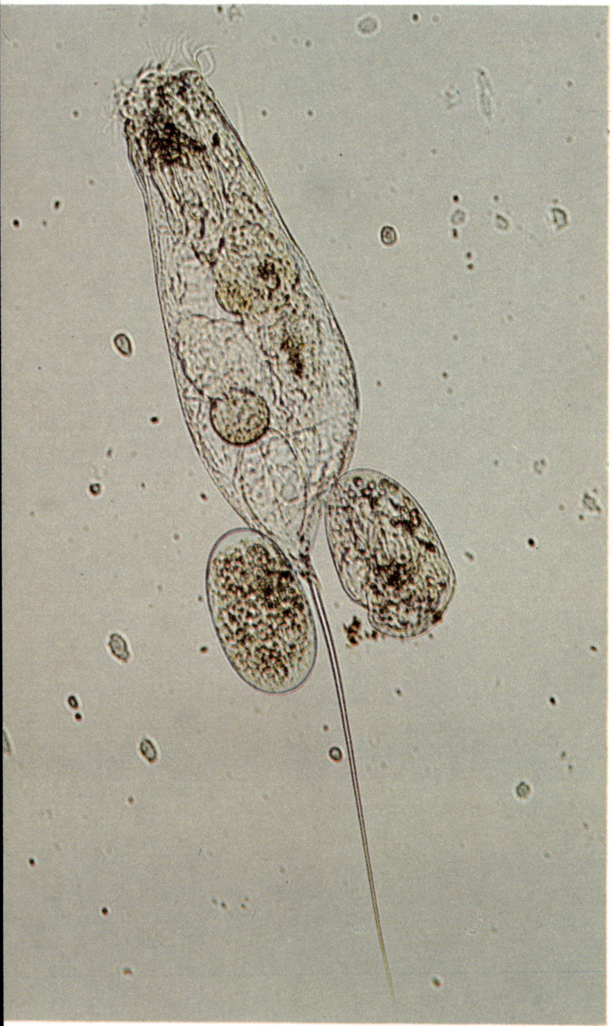

Paratrichocerca cylindrica. Körper zylindrisch. Schwimmt mit schraubender Bewegung. Bisweilen von Gallerthülle umgeben. 220–320 µm lang. Im Plankton seichter Gewässer, verbreitet.

Lecane lunaris. Panzer breit oval. Nur ein sichtbares Fußsegment. Zehen verwachsen, 66–72 µm lang. Panzer 160–180 µm lang. In vegetationsreichen Ufergebieten.

Trichocerca similis ist eine der kleineren *Trichocerca*-Arten. Sie hat einen schwach verdrehten Körper. Die fast gleichlangen Zehen sind kürzer als die halbe Körperlänge. Auf der Mitte des Vorderrandes hat das Tier zwei Dornen. Das Weibchen trägt nicht selbst die Eier, sondern legt sie auf anderen Rädertieren ab. 150–200 µm lang. Kommt vor allem in Braunwasserseen vor.

Bei **Trichocerca pusilla** ist die rechte Zehe stark zurückgebildet. Die linke Zehe ist länger als der Körper und schwach gebogen. Die Eier werden auf anderen Rädertieren abgelegt. 110–180 µm lang. Zieht nährstoffreiche Gewässer vor.

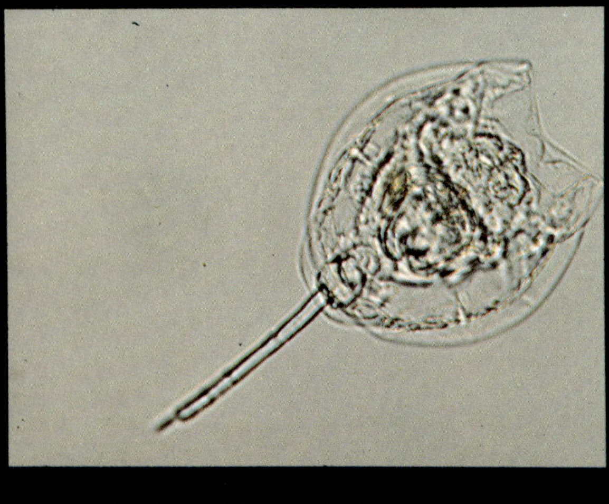

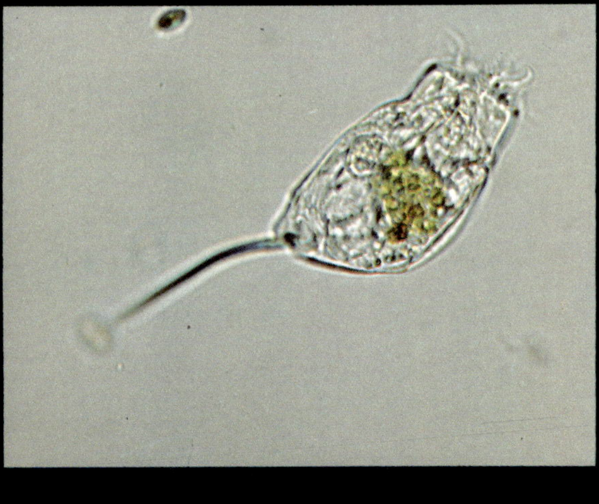

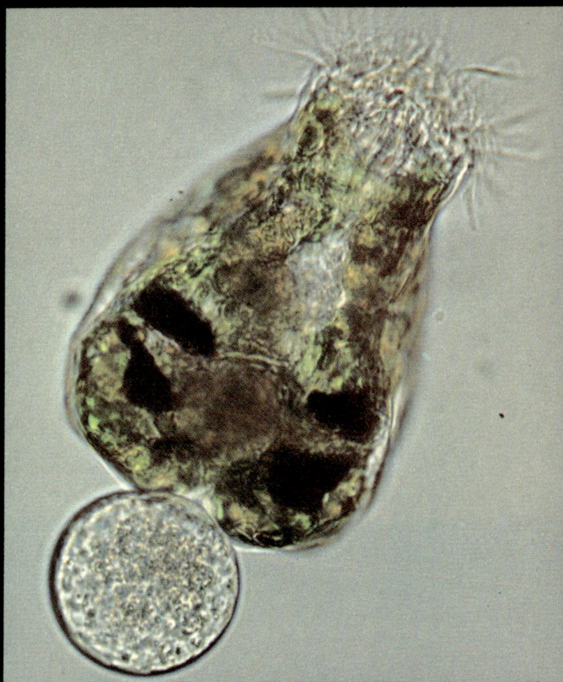

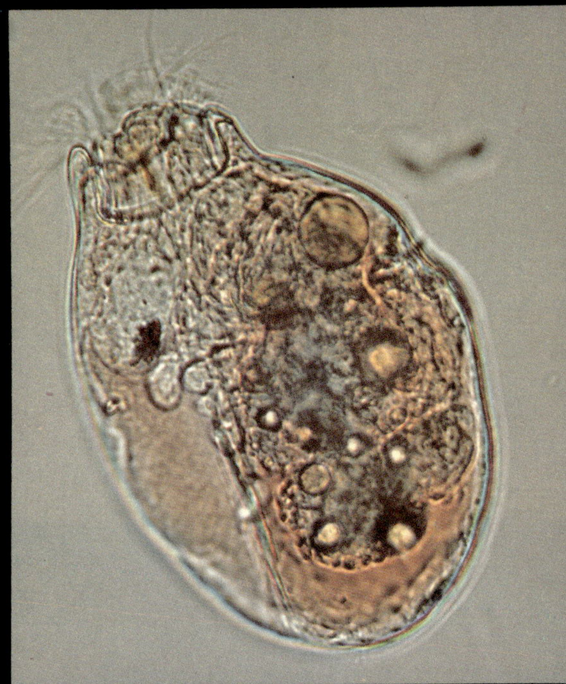

Ascomorpha ecaudis hat keinen Panzer. Im Körper sieht man vier charakteristische schwarze Flecken. Auf dem Bilde ein Weibchen mit Eiern. 130–200 µm lang. In Seen und Teichen, planktisch.

Ascomorpha saltans hat einen Panzer und im Gegensatz zu *Ascomorpha ecaudis* nur einen schwarzen Fleck. Ernährt sich von Panzerflagellaten, die sie, nachdem sie sich durch die Schale gebohrt hat, aussaugt. 100–150 µm lang. Häufig in Seen und kleineren Gewässern.

Gastropus stylifer. Panzer durchsichtig. Bunte Öltropfen in der Magenwand. Seitlich abgeflacht, Bauchfuß geringelt, mit nur einer Zehe (auf dem Bild nicht sichtbar). Eiablage auf planktischen Algen. 100–240 µm lang. In Seen, Teichen; planktisch.

Gastropus hyptopus. Zwei wohlentwickelte Zehen. Fuß am hinteren Körperdrittel. Ernährt sich von Dinoflagellaten durch Aussaugen ihres Körperinhalts. 150–350 µm lang. Kommt im Winter in kleinen Seen und Teichen vor.

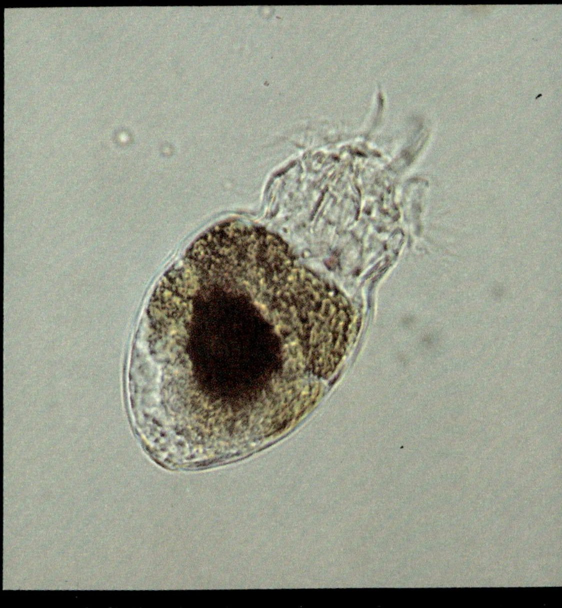

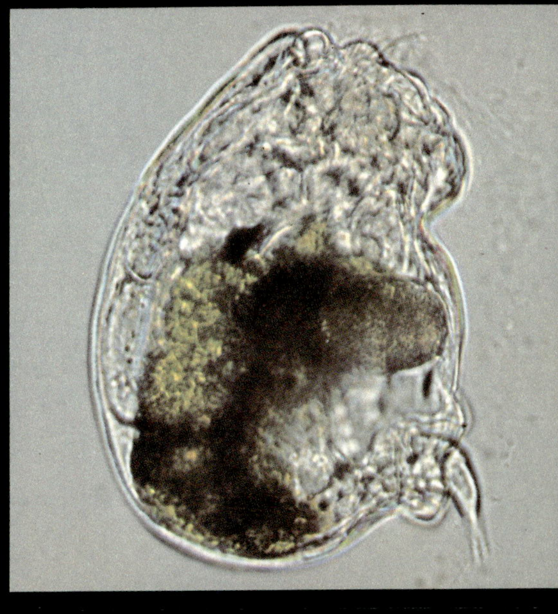

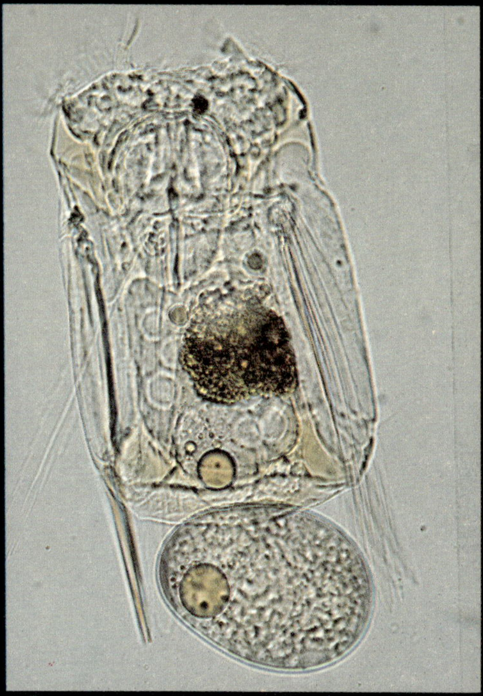

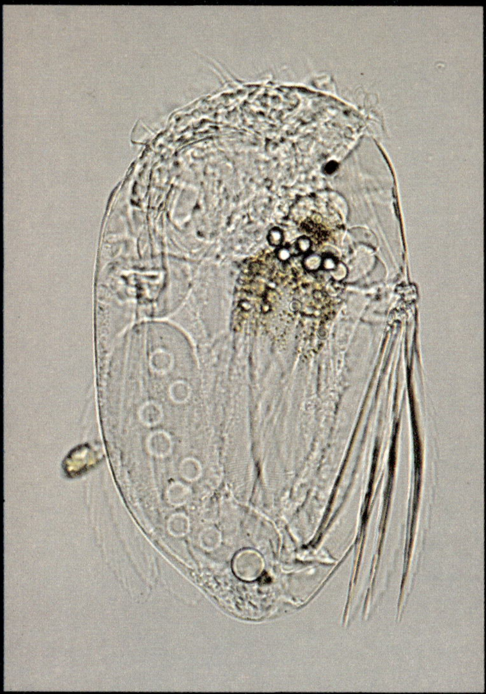

Polyarthra vulgaris. Wie andere *Polyarthra*-Arten fußlos. 2 schmale Bauchstacheln. Die Flossen sind körperlang oder etwas länger, 18–28 µm breit. 100–145 µm lang. Eine sehr verbreitete Art; im Plankton größerer Gewässer; kommt im Sommer am häufigsten vor. Abgebildet ist ein Weibchen mit Eiern.

Polyarthra euryptera, etwas größer als die vorige Art. Borsten meist kürzer als der Körper. Flossen bis 60 µm breit, Körper 120–160 µm lang. Bevorzugt nährstoffreiche Gewässer, vor allem im Sommer.

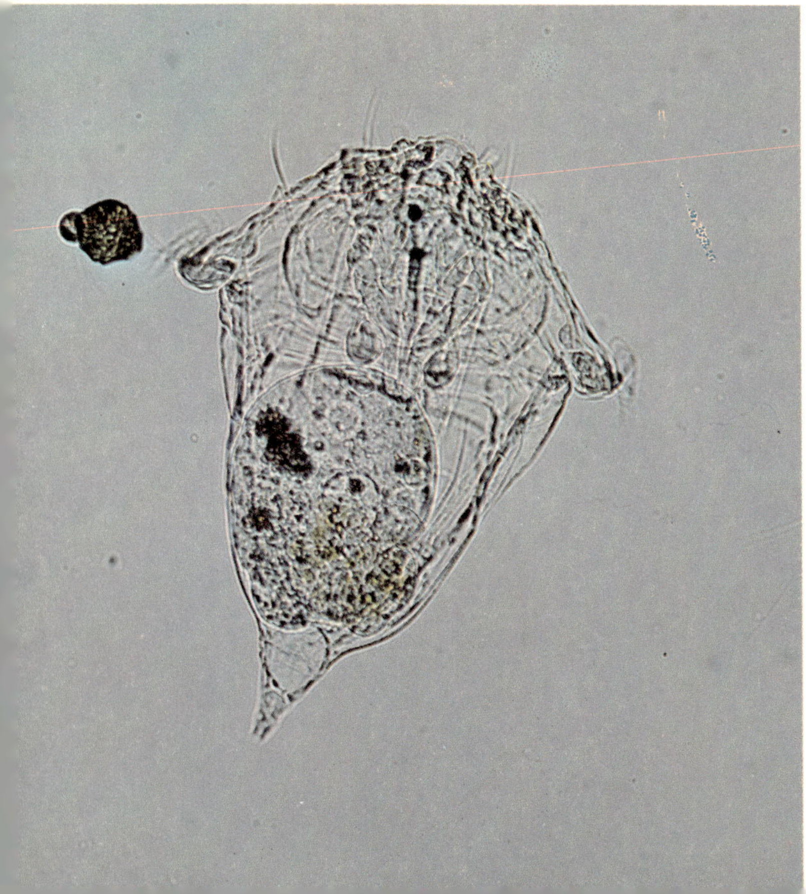

◀ **Synchaeta pectinata.** Körper breit, glockenförmig. Der Fuß ist verhältnismäßig breit und kegelförmig. Am Kopf 2 bewimperte Taster. 340–510 µm lang. In Gewässern aller Art, planktisch; von Herbst bis Frühjahr oft häufig.

Synchaeta lakowitziana, leicht erkennbar an der tiefen Einschnürung unterhalb der Wimperbüschel an den Seiten. Bis 300 µm lang. Zieht kalte Gewässer vor (kaltstenotherm).

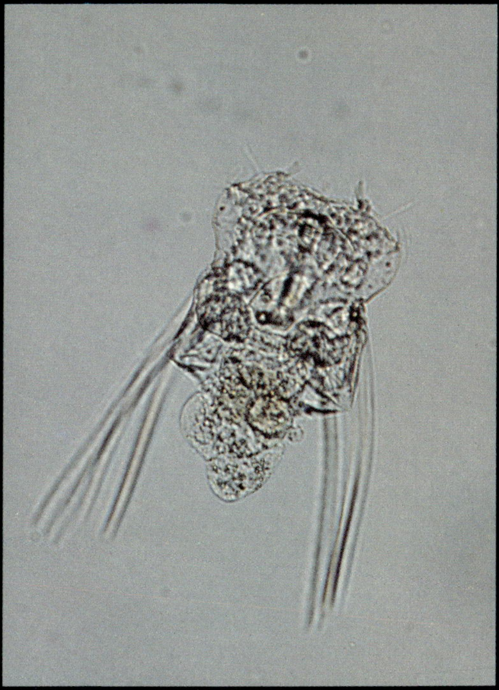

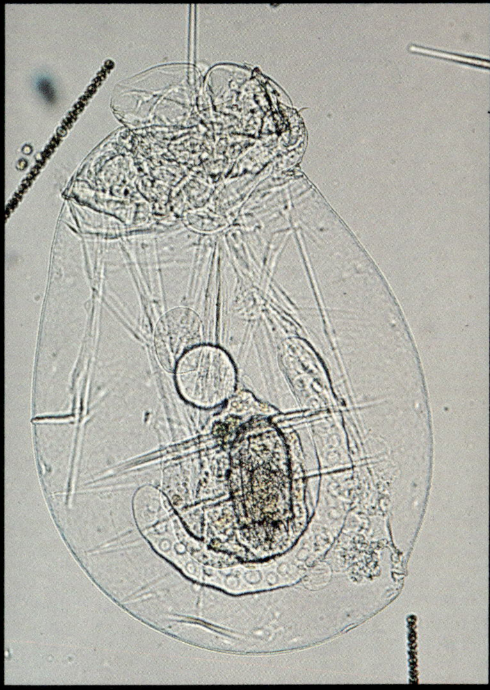

Polyarthra dolichoptera unterscheidet sich von den vorigen Arten der Gattung durch die schmalen Borsten, die viel länger als der Körper sind. 110–145 µm lang. Kommt in der kalten Jahreszeit in Seen vor. Übersteht Perioden mit niedrigem Sauerstoffgehalt gut.

Die Weibchen von **Asplanchna priodonta** haben im Gegensatz zur vorigen Art einen kugeligen Eierstock. Die Körperform variiert im Jahr von oval bis ausgezogen sackförmig. Ernährt sich u. a. von anderen Rädertieren, die mit Hilfe der kräftigen Kiefer (im Bild oben rechts) gefangen werden. 420–1500 µm lang. Tritt oft massenhaft in Seen und Teichen auf. ▶

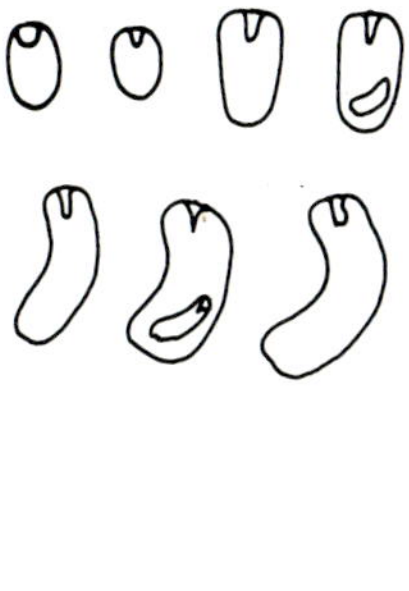

Asplanchna brightwelli. Körper sackförmig, fast ganz durchsichtig, ohne Darm. Unverdaute Nahrung wird erbrochen. Die Weibchen haben einen hufeisenförmigen Eierstock (siehe Abbildung). 500–1500 µm lang. Planktisch in Teichen; vor allem im Sommer. ▲

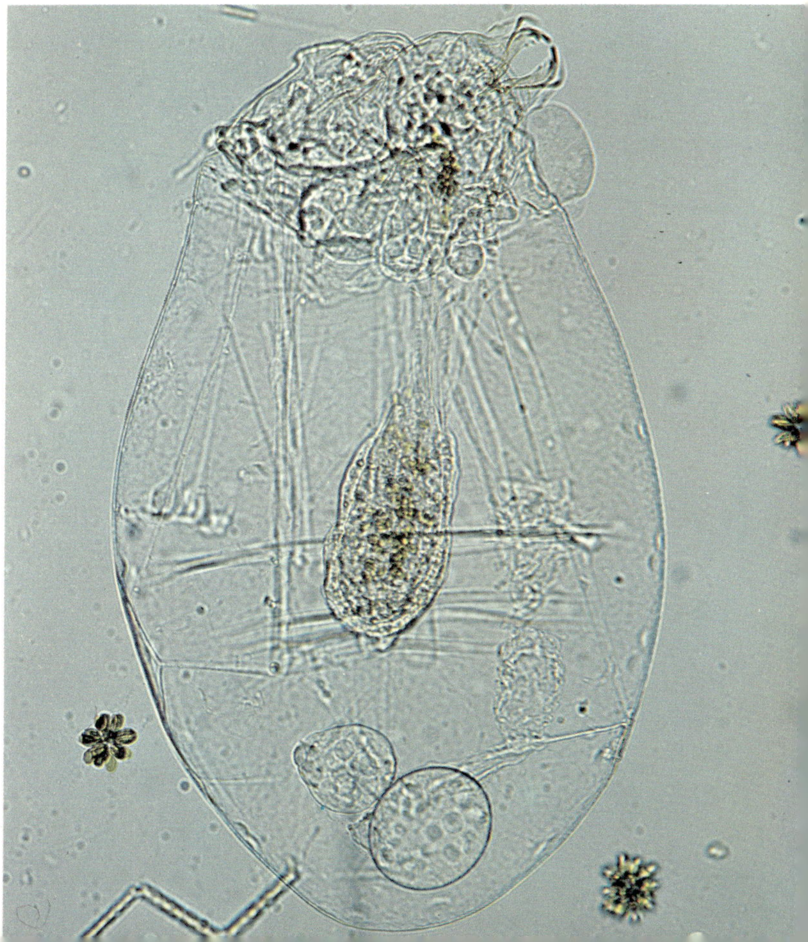

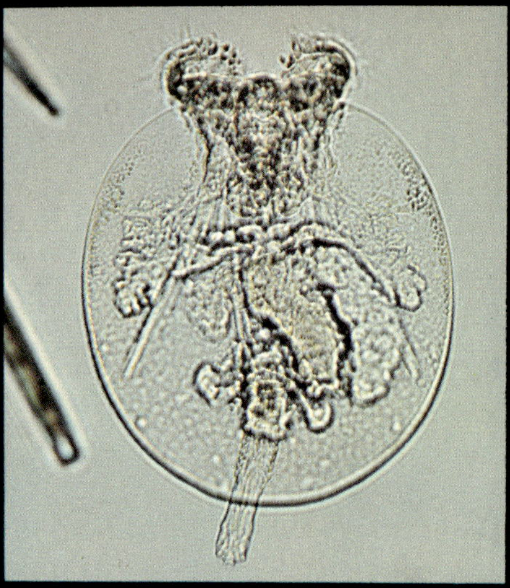

Testudinella patina hat einen fast kreisrunden, halb durchsichtigen Panzer. 120–200 µm lang. Lebt zwischen Wasserpflanzen und Pflanzenresten auf dem Boden kleinerer Seen und Teiche.

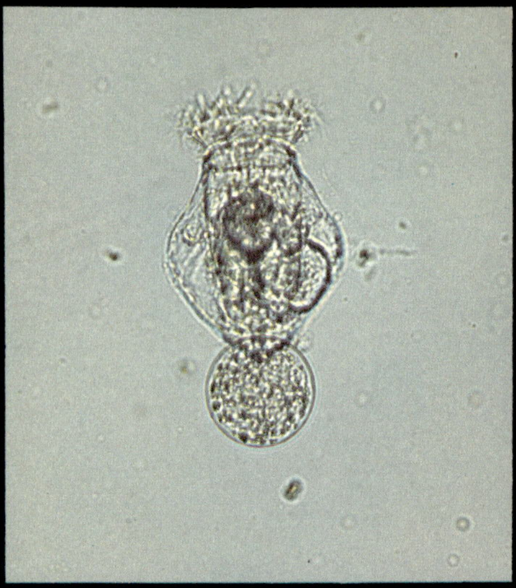

Pompholyx sulcata hat einen Panzer, der durch Längsfurchen vierteilig wird. 110–126 µm lang. Lebt planktisch in nährstoffreichen Seen und Teichen.

Hexarthra mira hat ein sehr charakteristisches Aussehen, das an eine Baumwurzel erinnert. Auf dem Bilde sieht man ein Weibchen mit Ei. 160–210 µm lang. Kommt im Sommer und im Herbst in Seen und kleineren Gewässern vor.

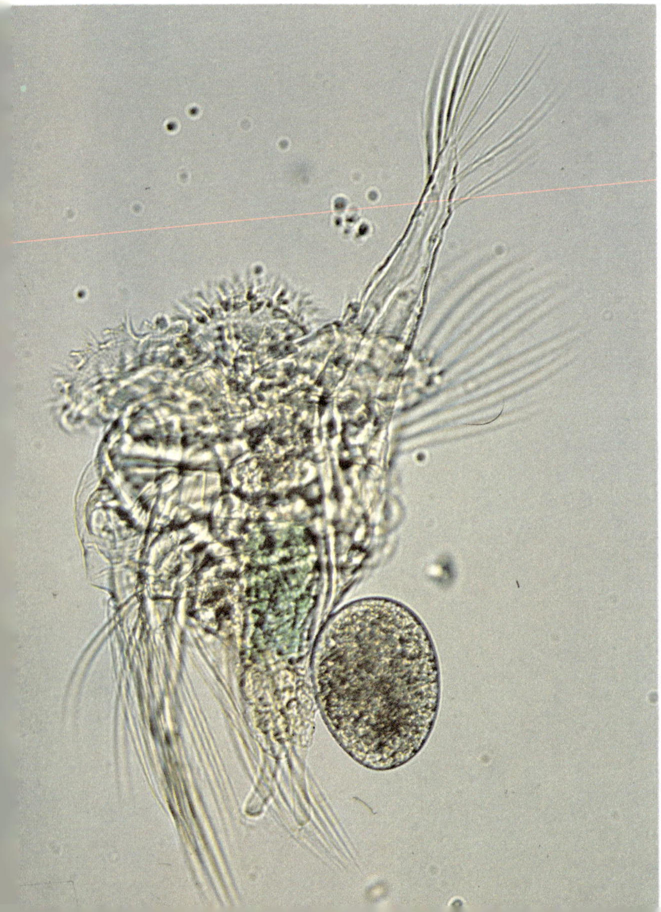

Filina longiseta erkennt man leicht an seinen drei sehr langen Borsten, die 2–4mal länger als der Körper sind. Länge ohne Borsten 130–250 µm. Man findet die Art oft in großen Mengen in Seen, Teichen und Moorgewässern.

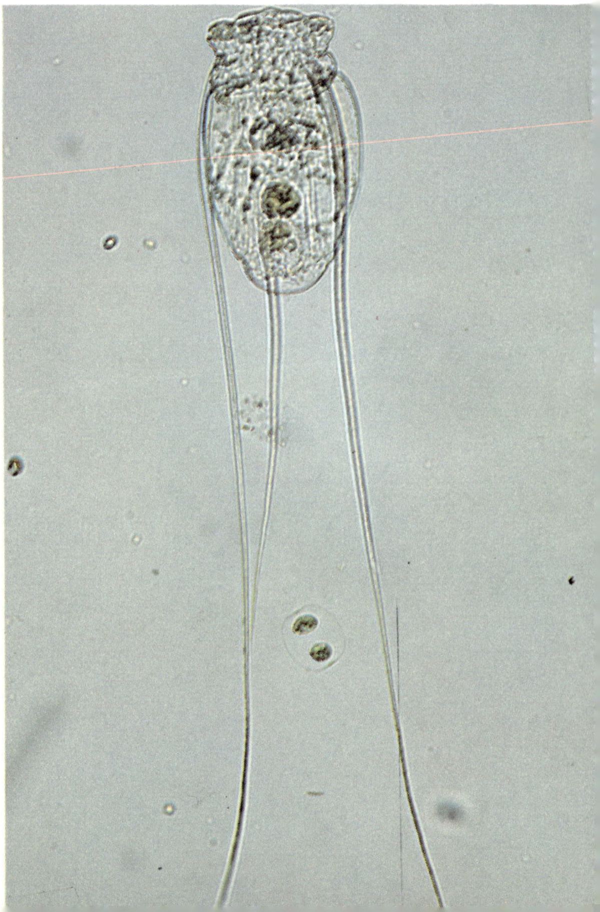

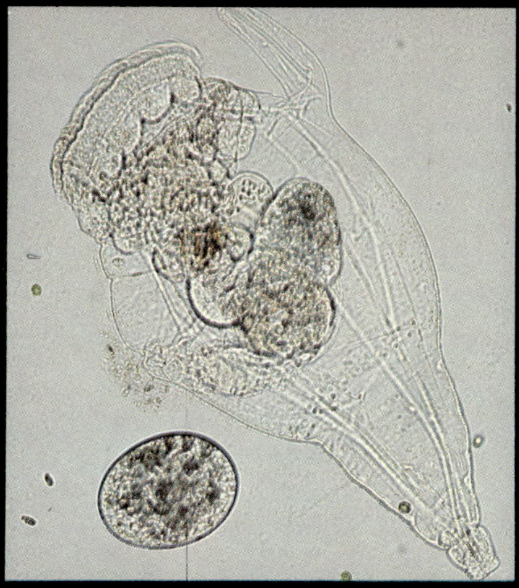

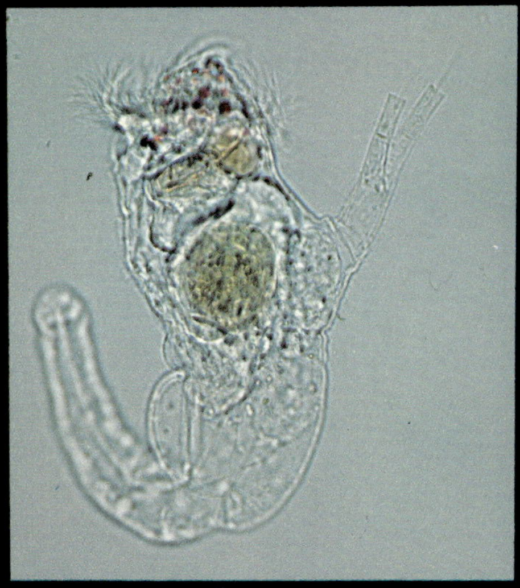

Conochiloides natans. Bis zur Basis gespaltener Bauchtaster unter der Wimperkrone. Tier mit Gallerthülle (auf dem Bilde nicht sichtbar). 285–510 μm lang. Im Winter in Seen und Teichen.

Conochiloides drossaurius. Taster nur an der Spitze gespalten. Gallerthülle umschließt nur die untere Körperhälfte (auf dem Bild nicht sichtbar) 250–500 μm lang. Bevorzugt Braunwasserseen.

Collotheca mutabilis, eine der wenigen planktischen Arten ihrer Gattung. Man erkennt die Art u. a. an der Form des Räderorgans. Das Tier ist zum größten Teil von einer dünnen Gallerthülle umgeben. 190–580 μm.

Conochilus unicornis. Nur ein Bauchtaster mit zwei Borstenbüscheln. Bildet Kolonien mit 2–25 Tieren. Einzeltier 250–380 μm. See- und Teichplankton. Sehr verbreitet.

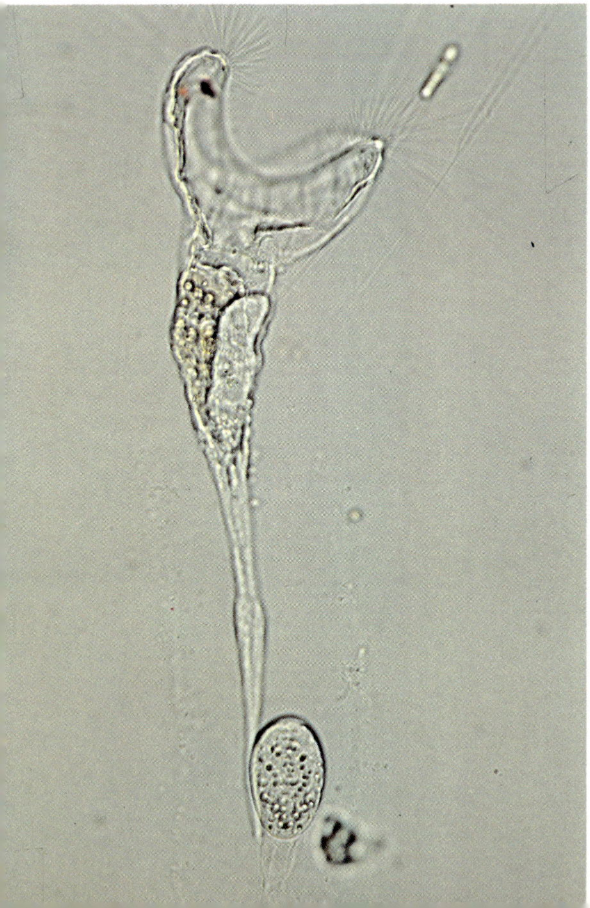

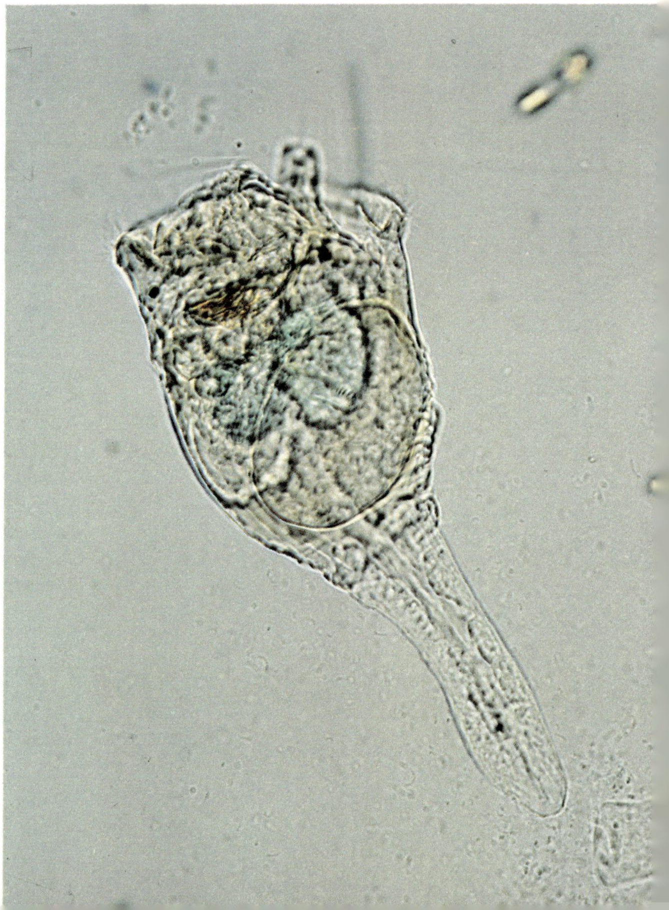

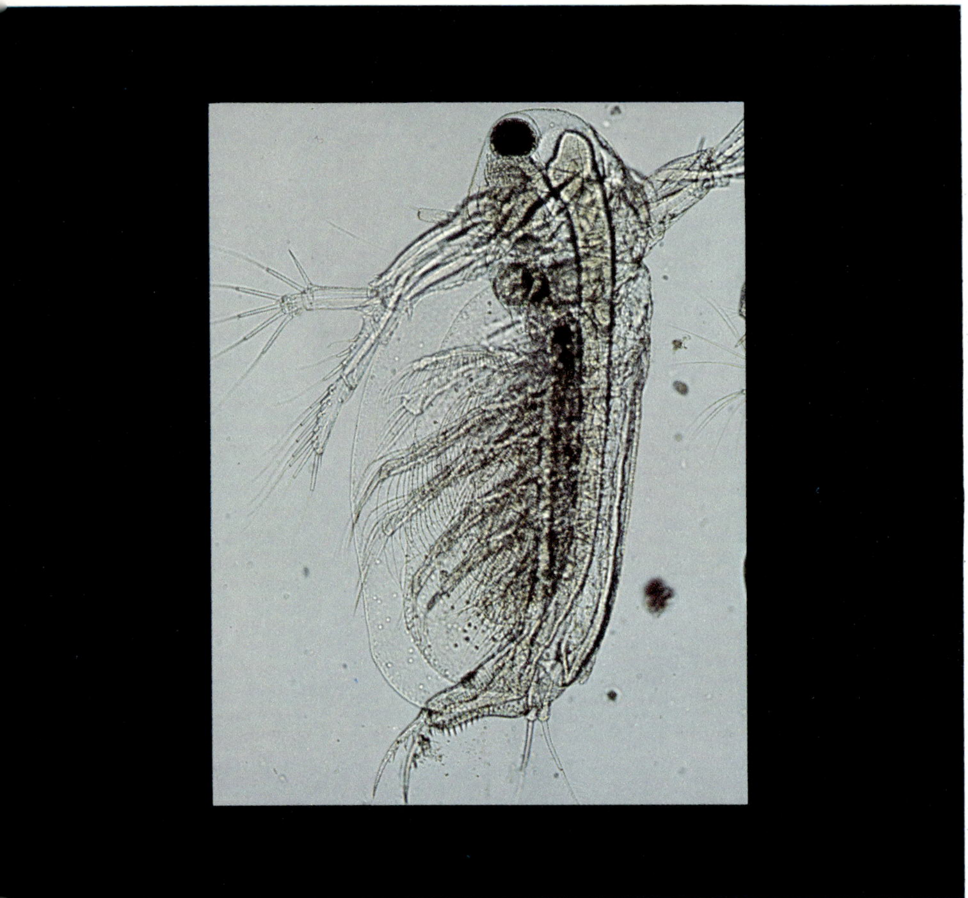

Der Spring-Wasserfloh **Diaphanosoma brachyurum** hat einen verhältnismäßig schmalen Kopf mit einer deutlichen Einschnürung hinter dem Nacken. Ohne Schnabel und Haftorgan. Das Komplexauge hat viele Kristalllinsen. Ein Naupliusauge fehlt. Die 1. Antennen abstehend, beim Weibchen klein. Die 2. Antennen sind sehr gut entwickelt und muskulös. Sie dienen als Ausleger, die ein Absinken verhindern. 6 Beinpaare. Männchen treten im Herbst auf. Sie tragen hinter dem 6. Beinpaar lange, stiefelförmige Kopulationsorgane. Länge der Weibchen bis 1,3 mm. Häufig im Plankton und am Ufer nährstoffreicher Seen und Teiche.

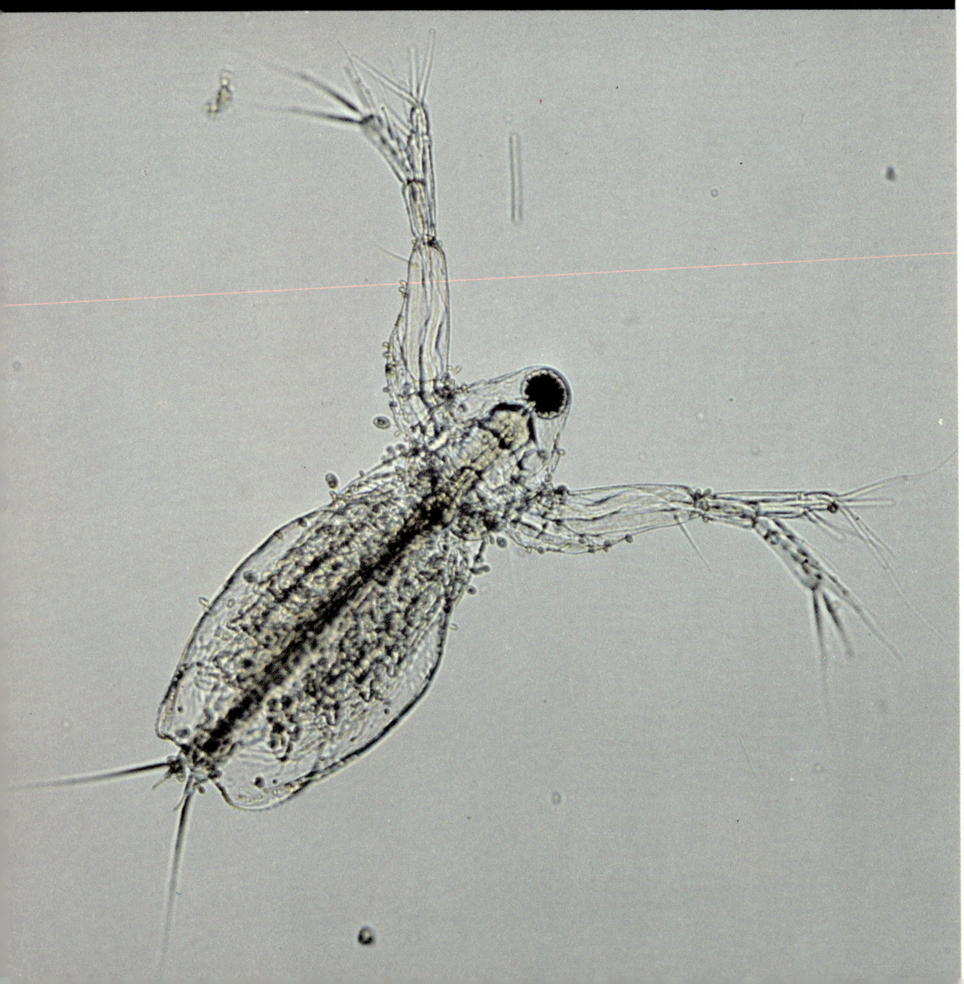

Auf diesem Bilde sieht man **Diaphanosoma brachyurum** von der Bauchseite. Beachte die kräftigen 2. Antennen, die dem Tier ein gutes Schwebevermögen geben.

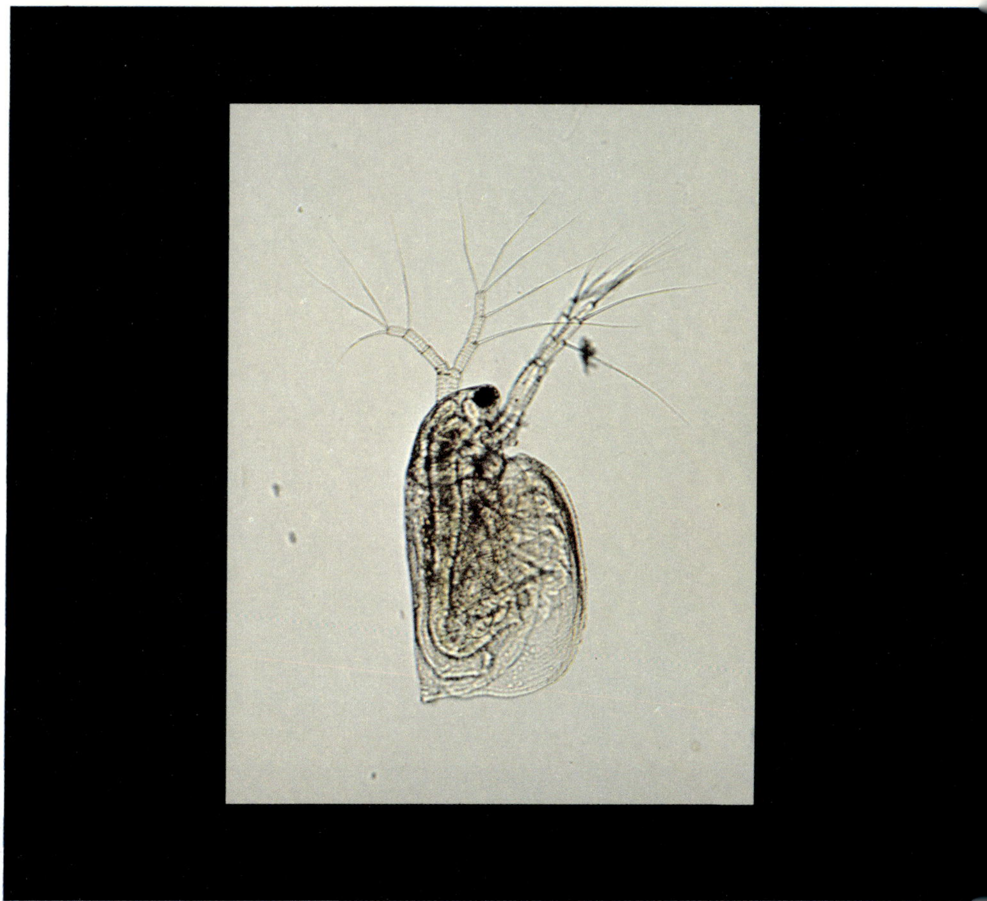

An diesem Wasserfloh kann man einige der charakteristischsten Merkmale der Gruppe sehen: Das wohlentwickelte Komplexauge und die beiden Schalenhälften, die den Körper umschließen und häufig eine gefelderte Oberfläche haben. Zwischen den Schalenhälften sitzen je nach der Art vier bis sechs Paar Beine. Der Hinterleib (Postabdomen) endet in einem Paar Haken, deren Aussehen und Stacheln wichtige Art-Merkmale sind (s. S. 86). Die Haken bleiben aber meistens eingezogen, wie bei dem abgebildeten Tier; das erschwert die Artbestimmung. Im Körper kann man u. a. den fast geraden Darmkanal sehen.

Sida crystallina, Kristall-Wasserfloh. Kopf groß, vom Körper deutlich abgesetzt. Körper verhältnismäßig durchsichtig, bisweilen mit gelbbraunen Öltropfen. Am Hinterrand des Kopfes befindet sich ein hufeisenförmiges Organ, mit dem das Tier an Wasserpflanzen und ähnlichen festen Gegenständen haften kann. Basisglied der 2. Antennen sehr kräftig, mit dreigliedrigem Außenast. Das Bild zeigt ein Weibchen mit vielen Eiern in seinem Brutraum. 3–4 mm lang. Die Art ist in der Uferzone von Seen und kleineren Gewässern häufig. Man findet sie vor allem im Sommer und im Herbst.

◄ **Holopedium gibberum.** Schale hoch gewölbt, sehr dünn, bedeckt die Beine nur zum Teil. Weite Gallerthülle um das Tier. Kopf, Augen, 1. Antennen klein. Innenast der 2. Antennen beim Weibchen unterdrückt; zweigliedriger Außenast mit 3 Ruderborsten. Weibchen 1,5–2 mm. Nordeuropäische Art, weit verbreitet, bevorzugt nährstoffarme Seen, nicht häufig; vor allem von April–November. Auf dem Bilde sieht man ein Weibchen mit einem vollständig entwickelten Jungen.

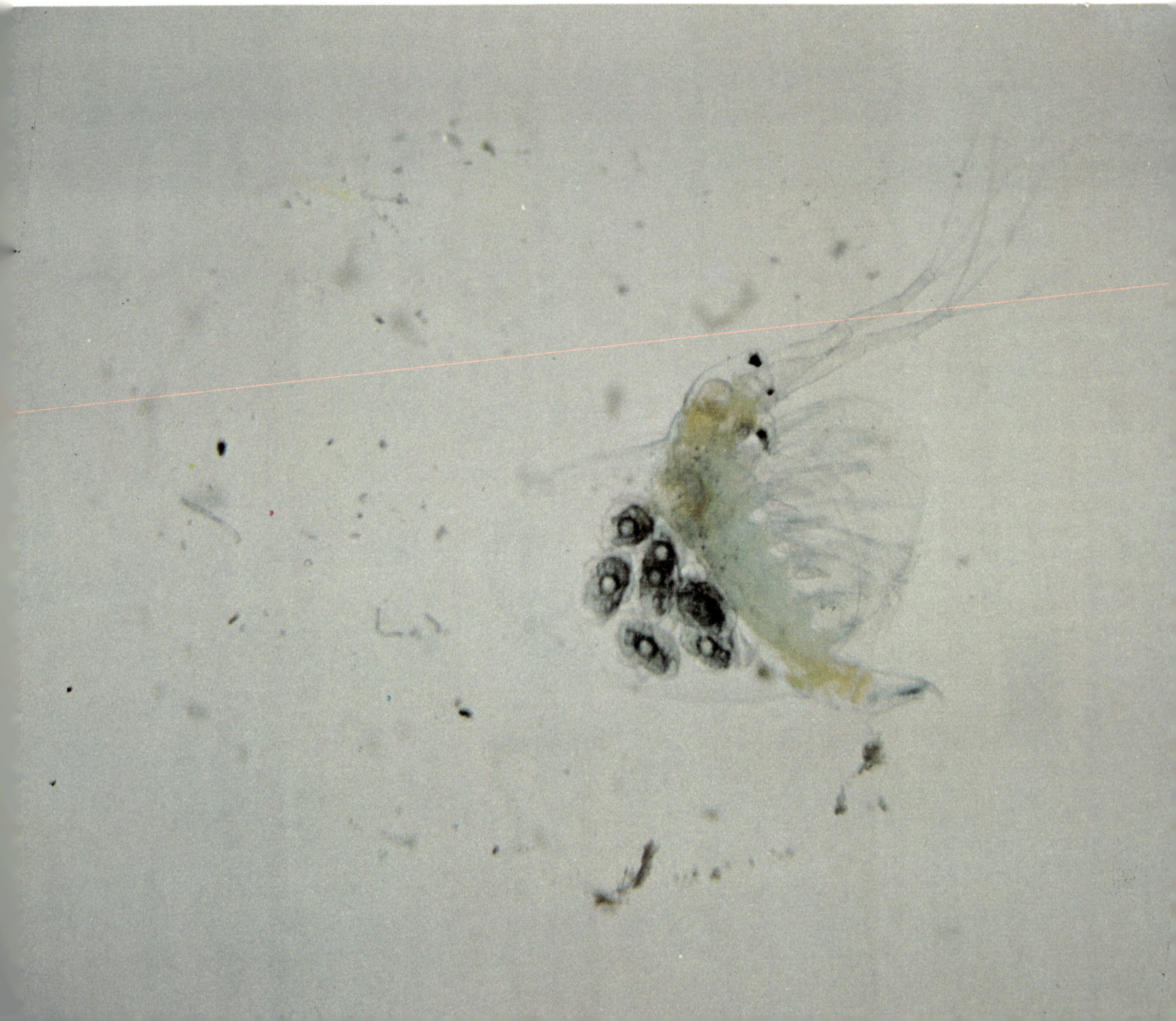

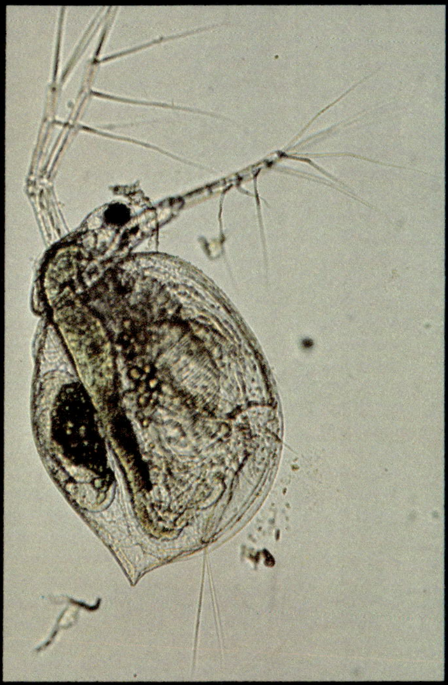

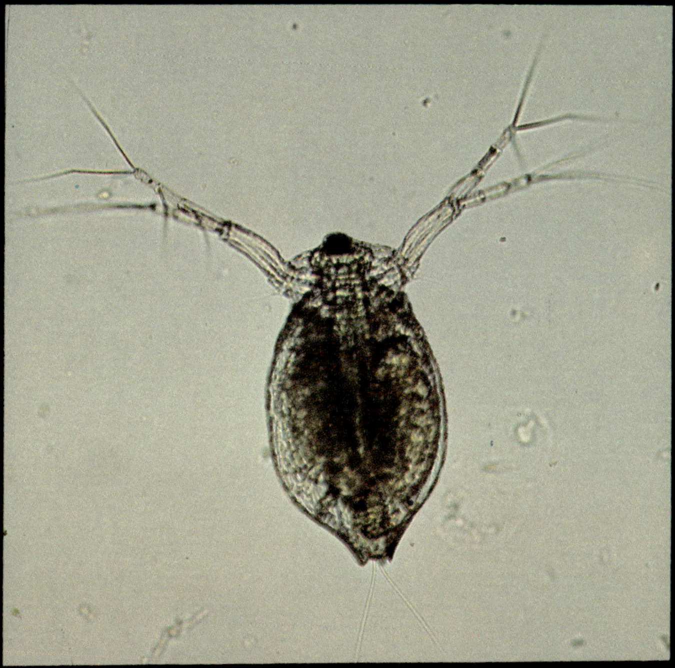

▲ ▲
Ceriodaphnia quadrangula. Schale mit auffallender Netzstruktur; ohne Stacheln. Körper fast durchsichtig, bisweilen bräunlich. Brutraum des abgebildeten Weibchens mit wohlentwickelten Jungen. Weibchen 0,5–1,4 mm. Charakteristischer Plankter größerer Gewässer. Oben rechts Rückseite.

Daphnia pulex. Kopfpanzer nach ▶ hinten in einen Zipfel ausgezogen. Schalen meist in 4kantigen Stachel ausgezogen. Komplexauge, darunter punktförmiges Naupliusauge. 2. Antennen mit je 9 gefiederten Schwimmborsten. Die Färbung von grün bis blaß gelblichrot. Weibchen 3–4 mm, Männchen 1–1,5 mm. Kleine seichte Tümpel und Teiche. Sehr häufig, oft massenhaft. In größeren Seen nur Uferzonen.

◀ Gallerthülle um **Holopedium gibberum** oft nur an Fremdpartikeln, die daran haften, erkennbar. Beim Transport verläßt das Tier oft diese Hülle. Bild links: Weibchen mit 6 Embryonen.

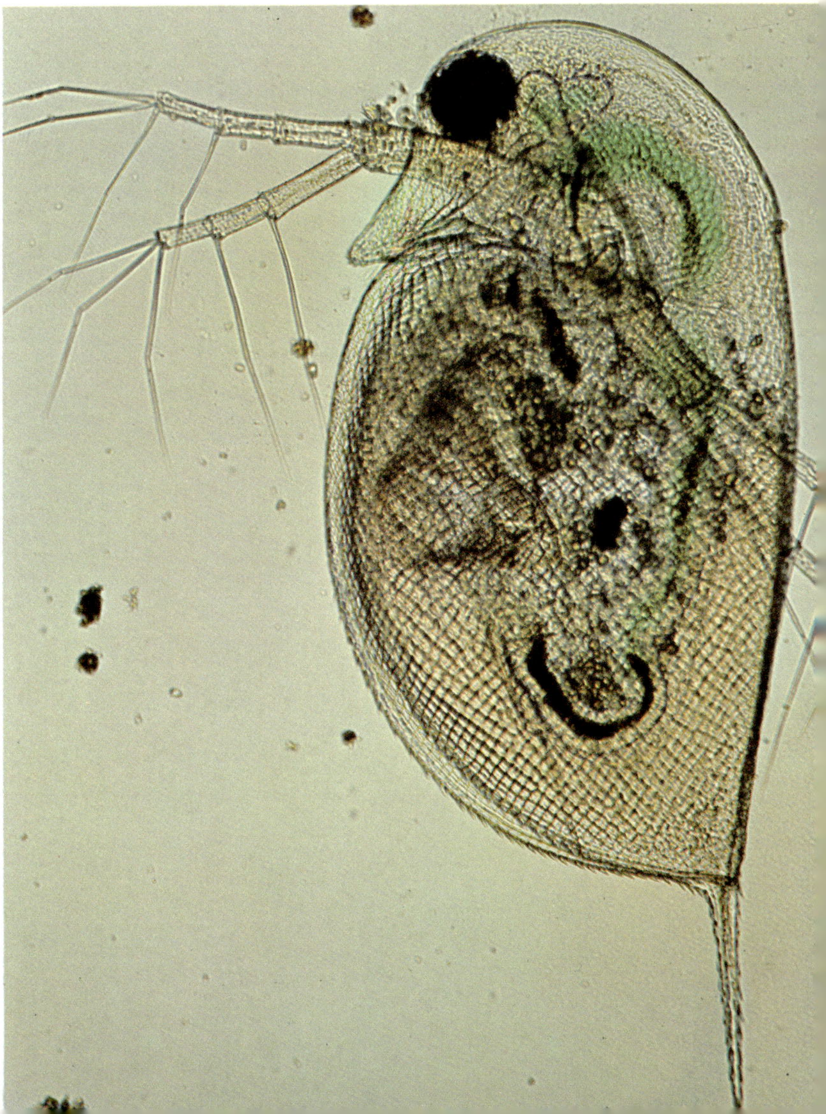

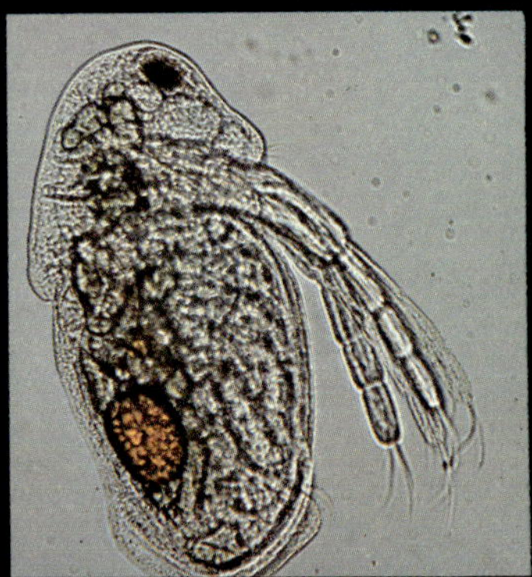

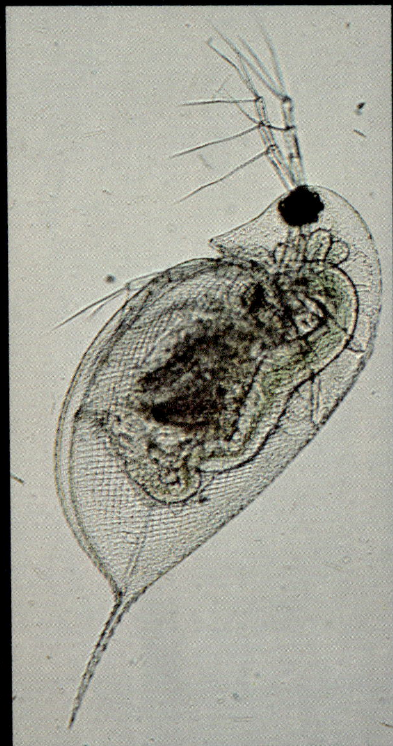

Das Bild links außen zeigt ein neugeborenes **Daphnia**-Junges mit gelbbraunem Öltropfen, der als Energiereserve dient.

Daphnia longispina (links). Kopfpanzer nach hinten in einen verhältnismäßig langen Zipfel ausgezogen. Der breite Kopf hat ein punktförmiges Naupliusauge. Die ersten Antennen erreichen nicht die Spitze des Rostrums. Der Körper ist glasartig durchsichtig und bisweilen gelblich. Bis 2,5 mm lang. Kommt in nährstoffreichen kleineren Seen vor. Man kann die Art auch in großen nährstoffarmen und häufig fischleeren Seen finden. Kommt in mehreren Formvarianten vor.

Daphnia magna ist einer der größten Wasserflöhe. Die ersten Antennen ragen unter dem verhältnismäßig kurzen Rostrum weit hervor. Die Spitze des Hinterleibs (Postabdomen) hat vor dem After eine deutliche Einbuchtung. Auf dem Bilde sieht man ein Weibchen und ein Männchen bei der Begattung. Weibchen bis 6 mm, Männchen um 2 mm. Die Art zieht kleine nährstoffreiche und warme Gewässer vor, wo sie oft massenhaft auftritt.

Postabdomen von drei häufigen *Daphnia*-Arten

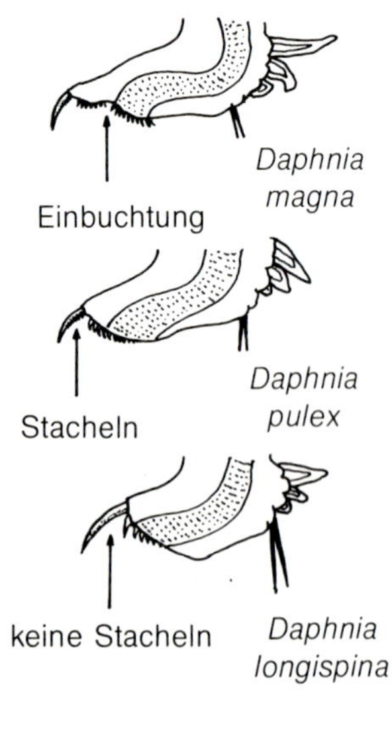

Der Kopf von **Daphnia cucullata,** Helm-Wasserfloh, ist helmförmig, Zipfel des Kopfpanzers nach hinten ausgezogen. Das Rostrum ist kurz, abgerundet, und die Fühlborsten der ersten Antennen erreichen die Rostrumspitze. Der Körper ist seitlich stark zusammengedrückt und sehr durchsichtig. Naupliusauge fehlt (Bild rechts).

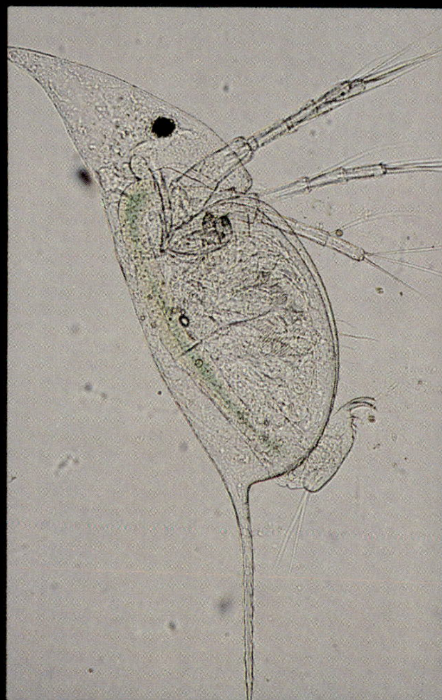

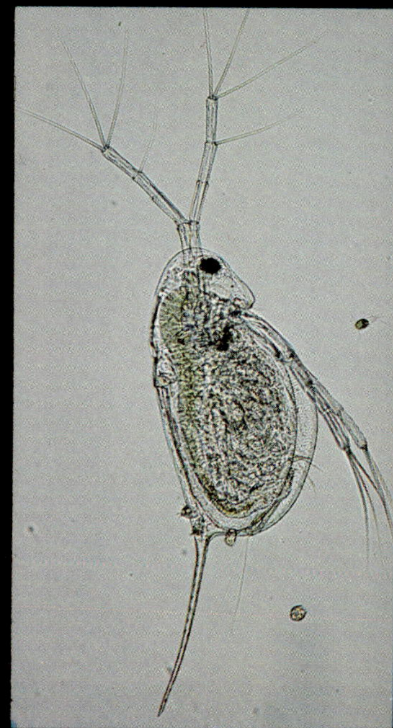

Daphnia cucullata zeigt wie viele andere Arten der Gattung eine reiche Formvariation. Das Bild rechts außen zeigt eine Winterform mit rundem Scheitel. 1–2 mm lang. Kommt im Freiwasser von mehr oder minder nährstoffreichen Seen vor. Ist in großen Seen oft ein wesentlicher Bestandteil des Tierplanktons. Kommt auch in kleineren Gewässern und Weihern vor, dies aber als Zwergform.

Simocephalus vetulus, Plattkopf-Wasserfloh, hat im Verhältnis zum übrigen Körper einen kleinen Kopf, der durch eine Einschnürung in der Nackenregion abgesetzt ist. Weibchen dunkelgrün bis braun, die Schalen sind in langen Querfeldern fein punktiert. Das Naupliusauge hat eine langgezogene Form. Weibchen bis 3 mm lang. Kommt in der Uferzone aller Gewässer vor. Häufig.

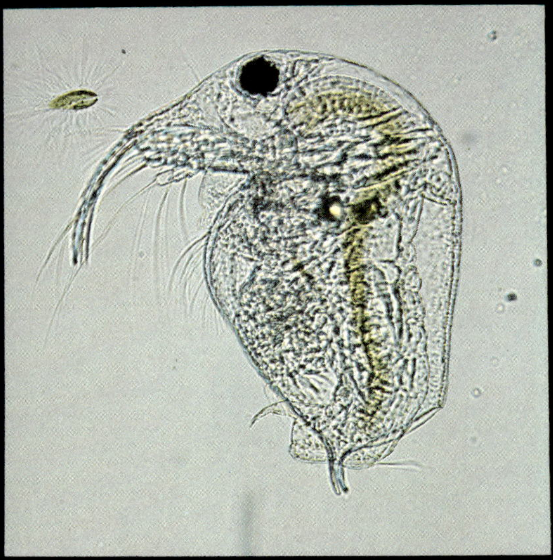

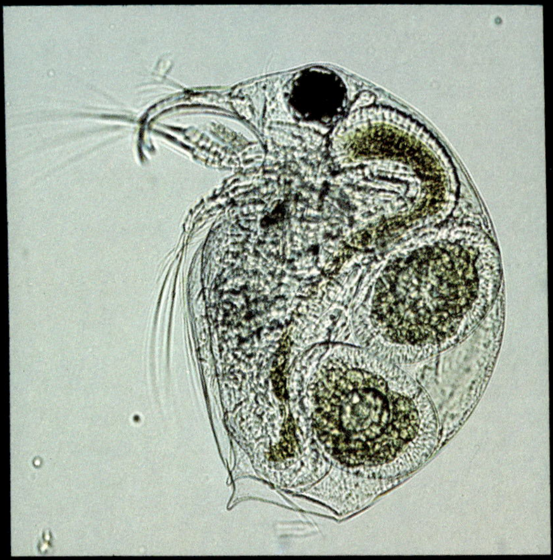

Bosmina longirostris. Die ersten Antennen sind in einen langen Rüssel ausgezogen mit Fühlborsten weit hinter der Antennenspitze. Genau zwischen dem Auge und der Antennenbasis sitzt eine lange Fühlborste. Ein Naupliusauge fehlt bei sämtlichen *Bosmina*-Arten. Weibchen 250–700 µm. Häufig in Teichen, in Seen, in Uferzonen.

Die *Bosmina*-Arten lassen sich in mehrere Unterarten oder Formen mit oft eigenen Umweltansprüchen einteilen. Das Bild zeigt **Bosmina longirostris cornuta,** die an nährstoffreiche Gewässer gebunden ist. Im Brutraum des Weibchens sieht man zwei Embryos.

Scapholeberis mucronata, Kahnfahrer. Unterrand der Schale gerade, nach hinten in einen Zipfel ausgezogen, vorn mit kleinem Höcker. Die Börstchen befähigen das Tier, mit der Bauchseite an der Wasseroberfläche zu hängen. Das Tier hat ein Komplexauge und ein punktförmiges Naupliusauge. Der Kopf ist meistens in eine Spitze ausgezogen. Weibchen um 1 mm lang. Kleingewässer, Uferzone von Seen; häufig.

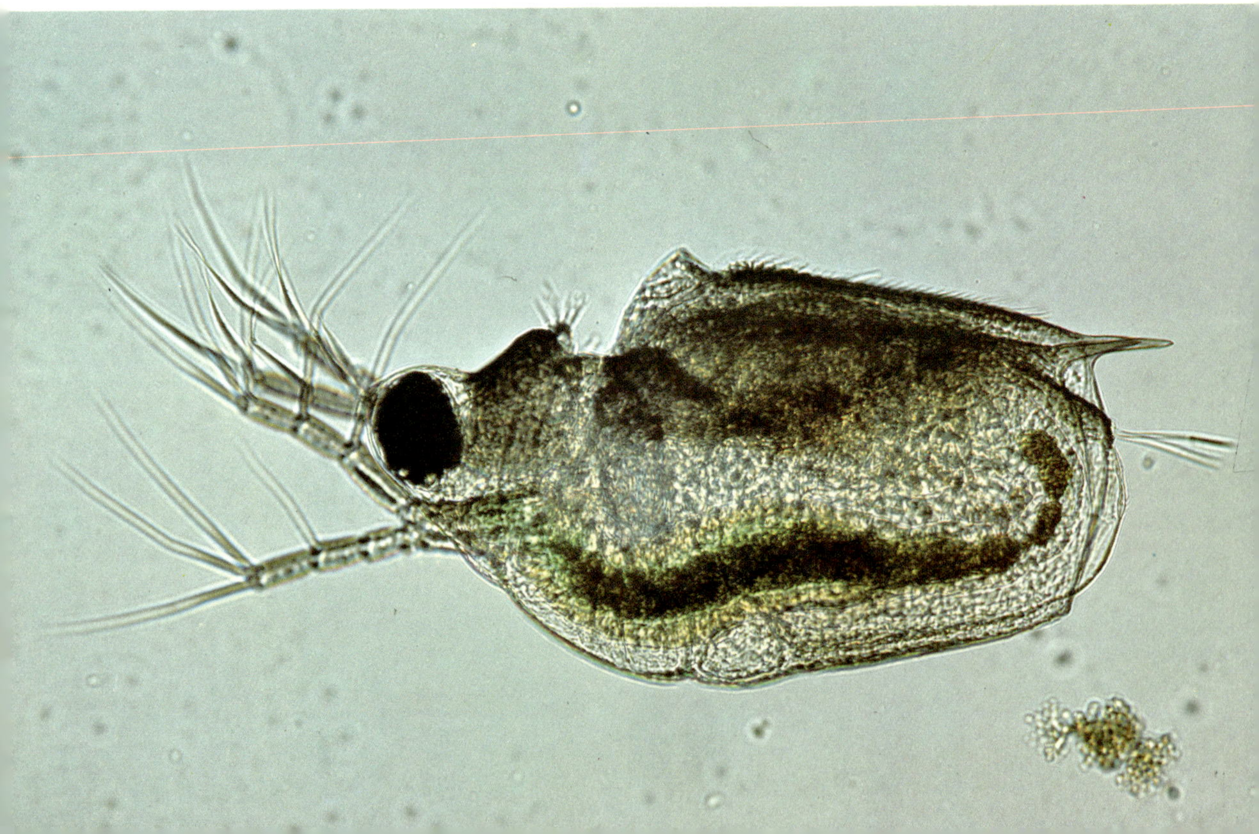

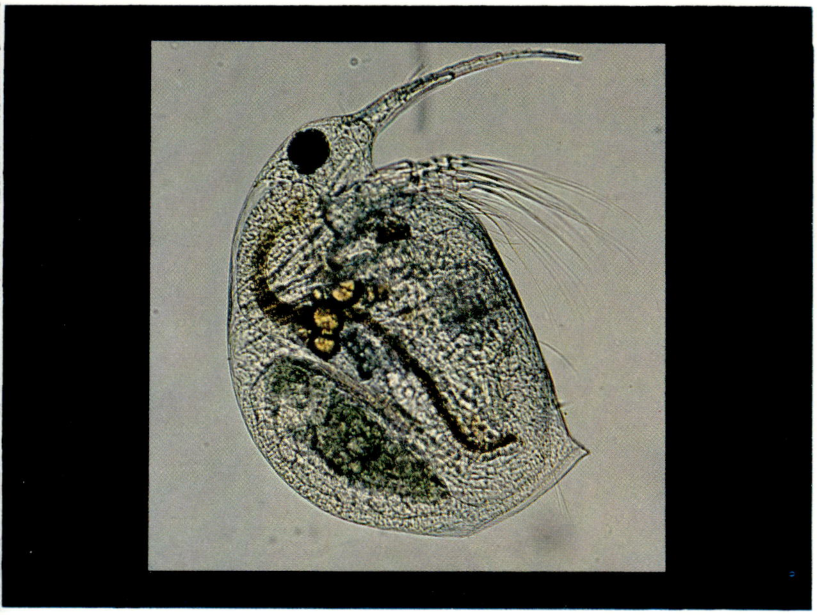

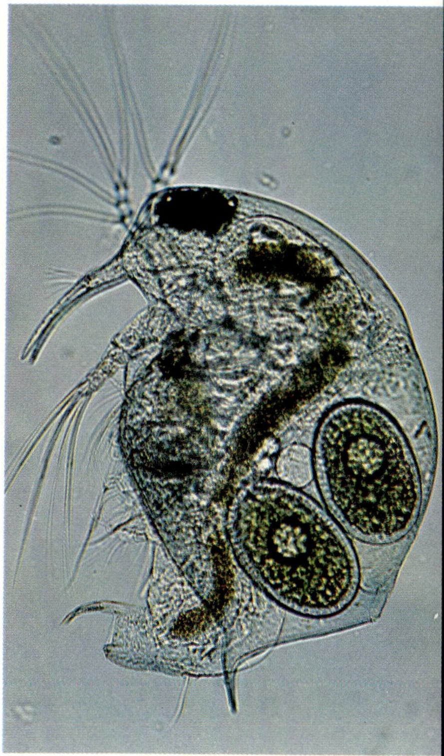

Bosmina coregoni. Fühlborsten an der Spitze dicht an der Basis der Antennen. Typische Formen ohne hinteren Schalenfortsatz. 1. Antennen oft riesig. Bild oben zeigt die Unterart *Bosmina coregoni coregoni,* Bild rechts ein Weibchen mit zwei Embryonen im Brutraum. Weibchen 0,4–1,2 mm. Planktisch in großen Teichen und Seen Norddeutschlands und des Voralpenlands; häufig. ▲ ▶

Acroperus harpae. Körper seitlich stark abgeflacht. Schale mit gebogenen Längsstreifen, farblos oder dunkelgelb. 1. Antennen kurz. Weibchen um 1 mm. In Uferzonen der Seen, häufig.

Chydorus sphaericus. Schalen oval bis fast kreisrund, meist gefeldert, aber auch glatt oder punktiert oder mit Grübchen besetzt, grau, grün oder bräunlich. Weibchen 300–500 µm. Meist in der Uferzone aller Gewässer, sehr häufig. Kann auch bei Wasserblüte größerer Blaualgen im Freiwasser vorkommen.

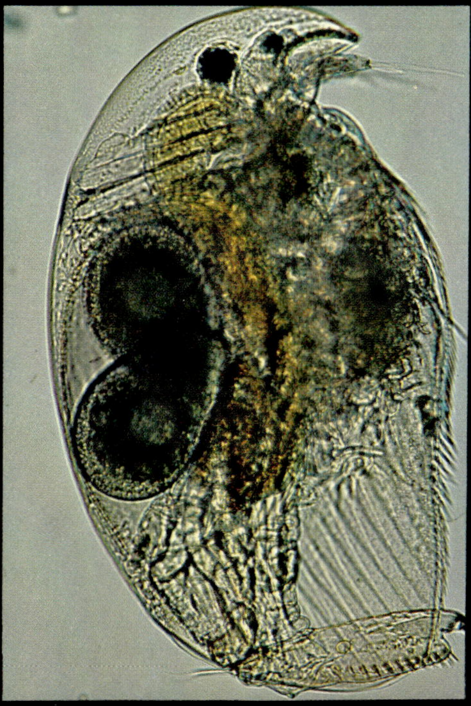

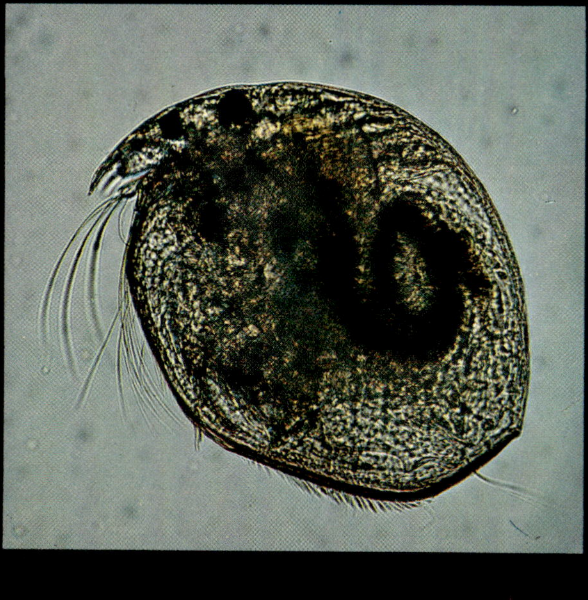

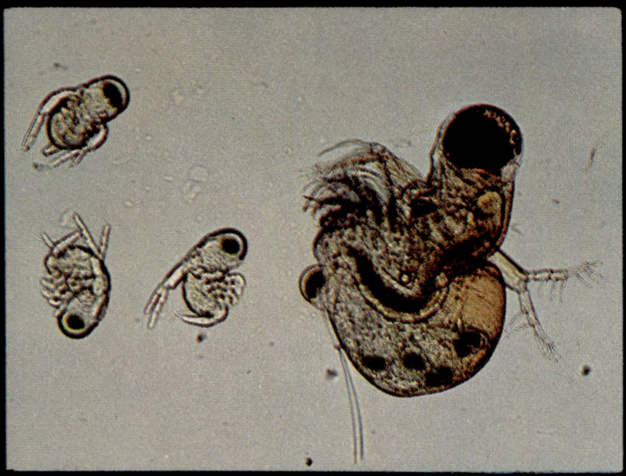

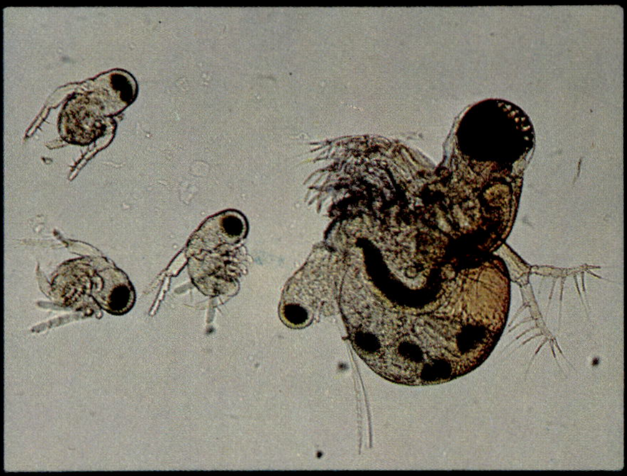

Polyphemus pediculus, der Raubwasserfloh, hat eine rudimentäre Schale, die nur die Rückenseite bedeckt. Sie dient beim Weibchen als Brutraum. Der Körper ist gestreckt, fast durchsichtig und schimmert bläulich oder rötlich. Der Kopf ist groß und hat ein halbkugeliges Komplexauge. Naupliusauge fehlt. Weibchen 1–2 mm. Kommt häufig in der Uferzone kleinerer und größerer Seen vor. Man kann ihn aber auch in kleineren Braunwasserseen finden, hier meistens im Freiwasser. Lebt räuberisch. Ernährt sich von anderen Tieren, die mit Hilfe der bestachelten Beine erfaßt werden. Die Weibchen können bis zu 50 Eier im Brutraum haben. Diese schwimmen in einer Nährflüssigkeit, die von der Rükkenhaut des Körpers ausgeschieden wird. Die Bildfolge zeigt ein Weibchen, das eben ein Junges gebärt.

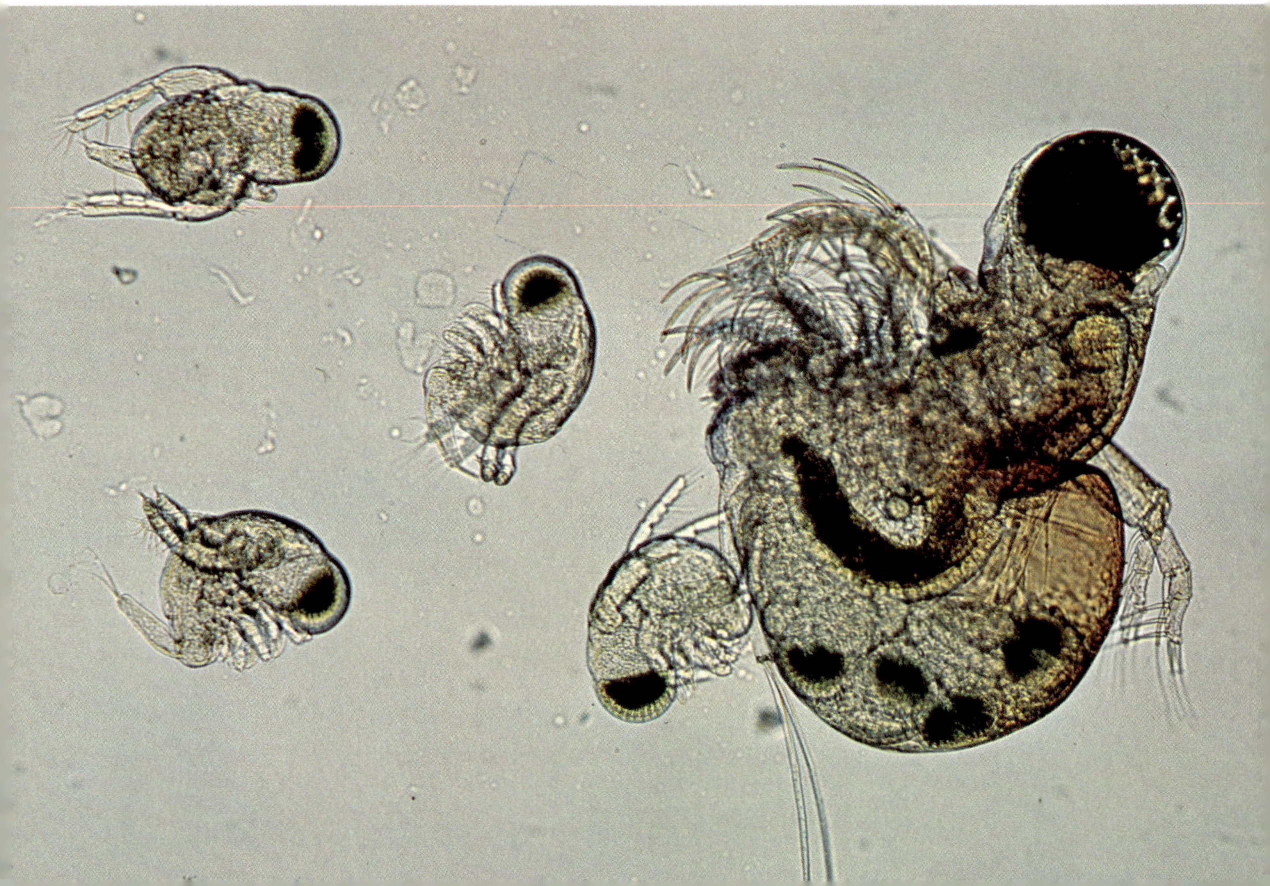

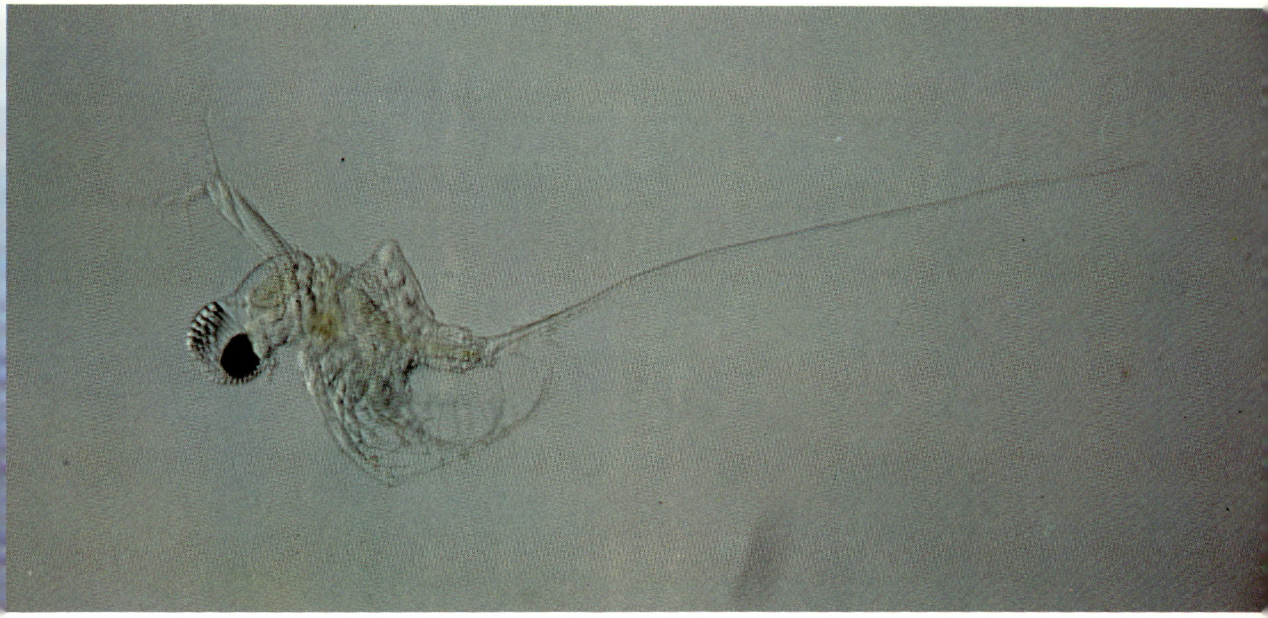

Bythotrephes longimanus, Langschwanzkrebschen. Leicht erkennbar an seinem langen Hinterstiel. Der Körper ist ganz durchsichtig und fast farblos. Auf dem Kopf sitzt ein großes, braunes Komplexauge. Ernährt sich hauptsächlich von anderen Krebstierchen. Weibchen 2–3 mm (ohne Hinterstiel), mit Stachel 10 mm lang. Kommt nur in großen, mehr oder weniger nährstoffarmen Seen vor.

Leptodora kindtii, Glaskrebs. Größtes, planktisch lebendes Krebstierchen. Körper durchsichtig, die Schale umschließt nur den Brutraum. Dieser ist sackförmig, hinten offen. Das Tier schwimmt ruckartig durch langsame Bewegungen der 2. Antennen. 1. Antennen kurz, keulchenförmig, beim Männchen sehr lang. Erstes Beinpaar am kräftigsten (Greiforgan). Weibchen ca. 18 mm, Männchen ca. 9 mm. Lebt als Räuber vor allem in größeren Seen, ist aber auch in Teichen zu finden.

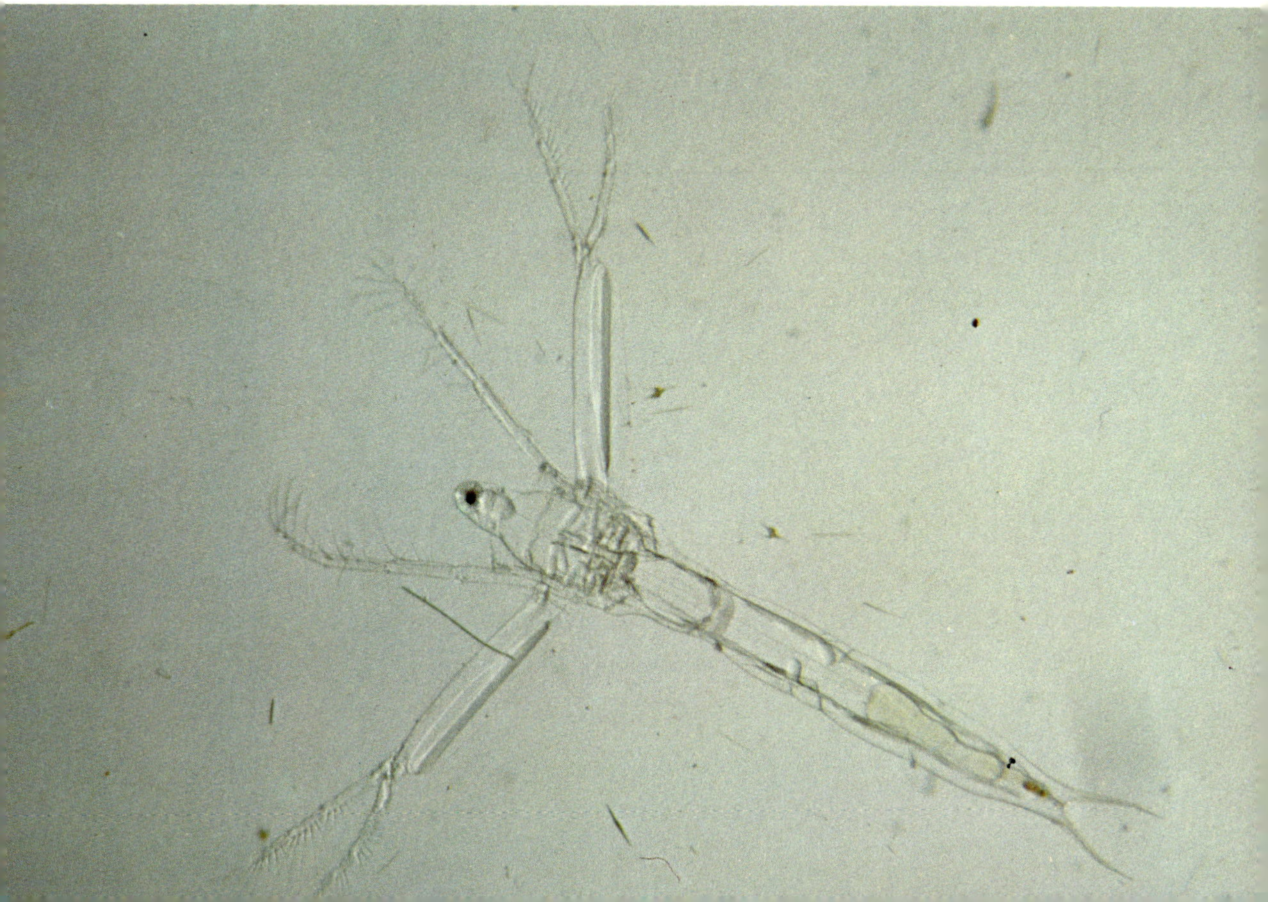

Eudiaptomus graciloides hat gerundete Ecken am letzten Brustsegment, jede mit zwei kleinen Spitzen bewehrt. Um 1,5 mm lang. Das Bild zeigt ein Männchen, dessen eine Antenne in ein Greiforgan, das bei der Begattung gebraucht wird, umgewandelt ist. Mit Hilfe dieser Greifantenne ergreift es die Furca des Weibchens. Das Sperma wird in einen besonderen Behälter, die Spermatophore, überführt, die, nahe der Geschlechtsöffnung, an die Bauchseite des Weibchens geheftet wird. Nach einiger Zeit im Wasser schwillt die Spermatophore, dadurch wird das Sperma in das Weibchen gepreßt. Planktisch in nährstoffreichen Seen, aber auch in nährstoffarmen Seen; häufig.

Bei **Eudiaptomus gracilis** ist das letzte Brustsegment seitlich in zwei Ecken ausgezogen. Der Körper ist meistens mehr oder weniger farblos, abgesehen von dem roten Auge. Das Bild zeigt ein Weibchen mit Eisäckchen. Weibchen bis 1,5 mm. Häufig, vor allem in nährstoffarmen und kleineren Gewässern. Bei den calanoiden Ruderfußkrebschen schlüpfen die Larven meist innerhalb von sieben Tagen nach der Begattung. Bei einigen Arten kann das Weibchen die Eisäckchen den ganzen Winter hindurch tragen. Andere Weibchen lassen die Eisäckchen direkt nach der Begattung zu Boden fallen. Erst im Frühling, wenn die Temperatur wieder steigt, schlüpfen die Larven.

Das Bild zeigt **Eudiaptomus graciloides** mit kräftigem Aufwuchs aus dem Wimpertier *Zoothamnion.* Man findet häufig sowohl Ruderfußkrebse als auch Blattfußkrebse mit Aufwuchs von Algen oder Ciliaten. Man nennt diese Beziehung Kommensalismus. Der „blinde Passagier" kann die Nahrungspartikel nutzen, die das Wirtstier nicht verwendet. Ob der Ruderfußkrebs Vorteil von solchen blinden Passagieren hat, weiß man nicht. Vielleicht können sie bis zu einem gewissen Grad die Sinkgeschwindigkeit vermindern. Sie müssen aber andererseits beträchtlichen Widerstand erzeugen, wenn der Ruderfußkrebs schwimmt.

Auf diesem Bilde sieht man die ▶ Larve eines Ruderfußkrebses, die Naupliuslarve, von der Seite. Schon in diesem Larvenstadium sieht man die Einlagerung von gelbbraunen Öltropfen im Körper. Es sind Speicherstoffe, die aber auch das Schwebevermögen des Tieres erhöhen.

Alle Krebstierchen wachsen schrittweise; die einzelnen Entwicklungsstadien sind durch Häutungen getrennt. Die Bildfolge unten zeigt eine Naupliuslarve bei der Häutung.

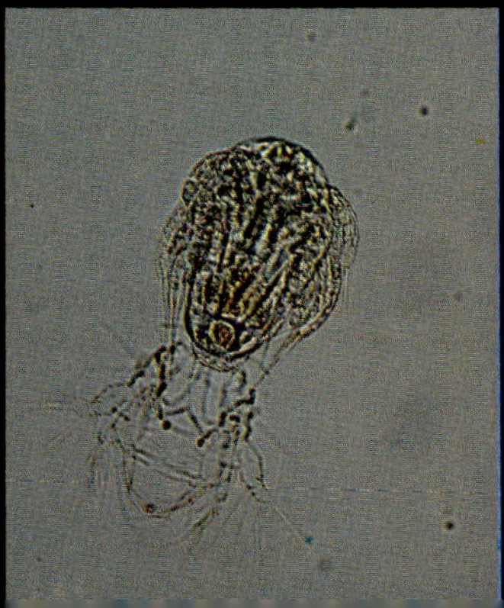

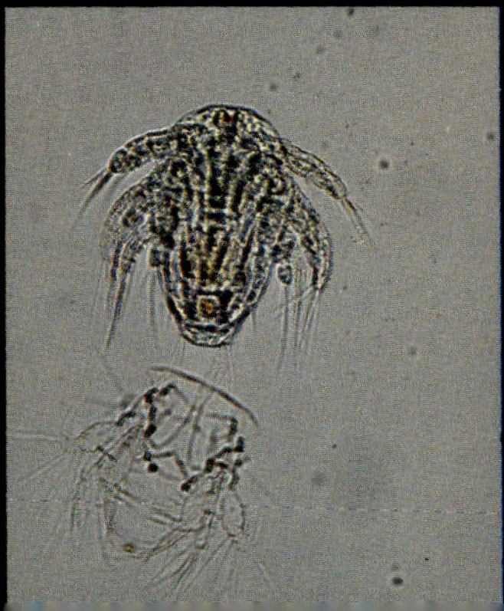

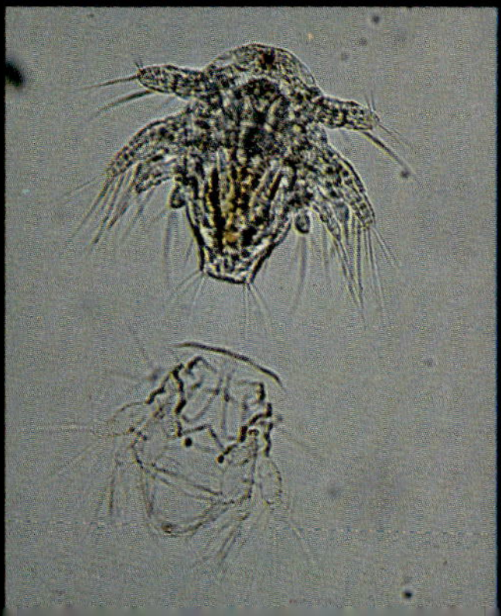

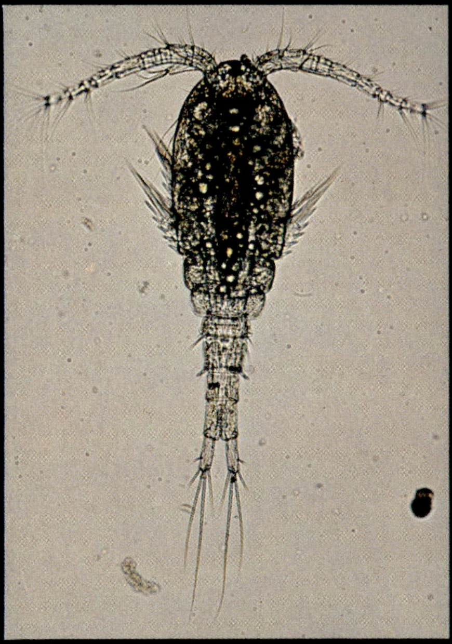

Letztes Larvenstadium (= Copepoditstadium) eines **Mesocyclops.** Die Larven dieser Entwicklungsstufe ähneln schon sehr dem erwachsenen Tier, doch fehlen noch einige Beinpaare.

Mesocyclops leuckarti. Die 1. Antennen sind 17gliedrig. Meist farblos. In der Mitte der Furca-Äste je eine nach außen gerichtete Borste. Um 1,3 mm lang. Schwebeform in Teichen, Baggerseen.

Bei **Cyclops strenuus** sind die 1. Antennen 17gliedrig. Der Körper ist oft farblos, kann aber manchmal auch gelblich oder grünlich sein. Die Innenränder der zwei Furca-Äste sind deutlich behaart. Die Endborsten sind relativ kurz.

Cyclops strenuus ist eine der verbreitetsten Arten dieser Gattung und eine typische Form des kalten Wassers, die man nur selten im Sommer findet. Untersuchungen haben gezeigt, daß das Tier die warme Jahreszeit in einer Art Ruhestand zubringt. Wenn die Larve im Frühjahr das vierte Copepoditstadium erreicht hat, sinkt sie zu Boden und setzt erst im Herbst, wenn die Temperatur des Wassers wieder sinkt, ihre Entwicklung fort. Weibchen bis 3,5 mm. Kommt in großen und kleinen Seen vor.

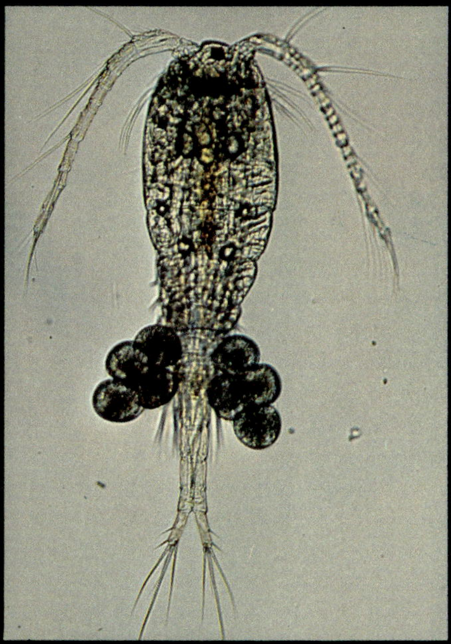

Thermocyclops oithonoides. 1. Antennen 17gliedrig. Fast durchsichtig, mehr oder weniger farblos. Das abgebildete Weibchen trägt zwei Eisäckchen. Bis 900 µm lang. Kommt im Seeplankton häufig vor.

Ein Männchen von **Thermocyclops oithonoides** mit Aufwuchs von Algen. Die 1. Antennen sind in Greiforgane umgewandelt, mit denen das Männchen bei der Begattung das Weibchen packt.

Die Ruderfußkrebse gliedern sich in drei Hauptgruppen:
Calanoida – Typ *Eudiaptomus,*
Cyclopoida – Typ *Cyclops,*
Harpacticoida – repräsentiert durch das abgebildete Tier. Typische Körperform mit fast parallelen Seiten. Viele Arten mit ungleich langen hinteren Fortsätzen. In kleineren Teichen und periodischen Gewässern, besonders zahlreich im Frühjahr.

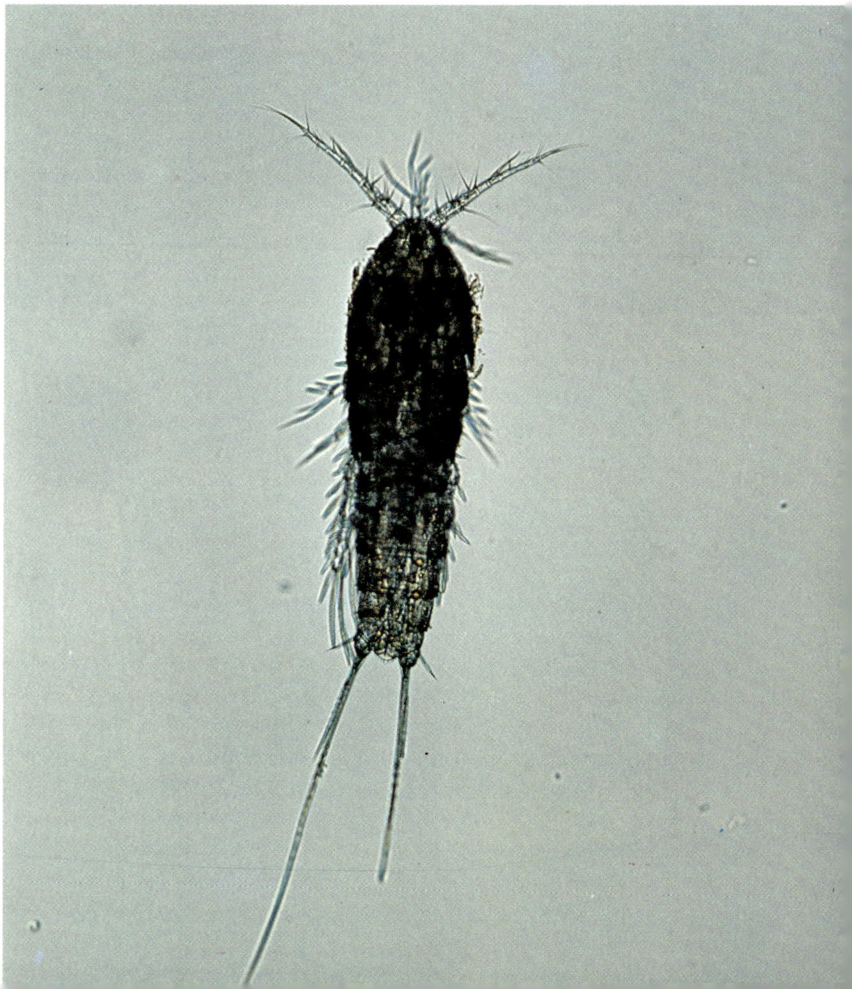

Man findet im Frühling häufig harpacticoide Ruderfußkrebse zu Paaren zusammengekoppelt.

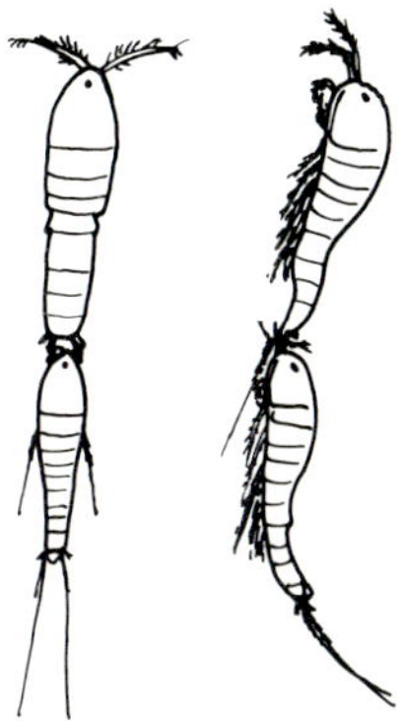

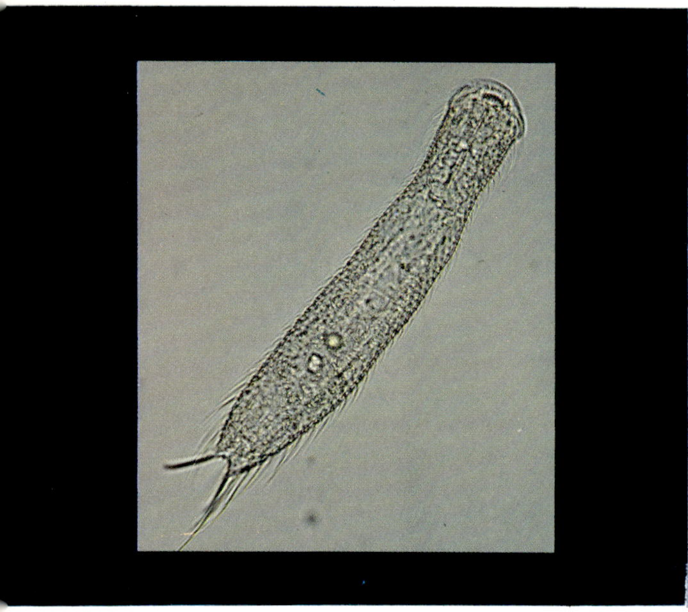

Bauchhärling (Gastrotricha)

Süßwassermilbe (Hydrachnellae)

Büschelmückenlarve (Corethra)

Muschelkrebs (Ostracoda)

Saugwurm-Cerkarie (Trematodes)

Fadenwurm (Nematodes)

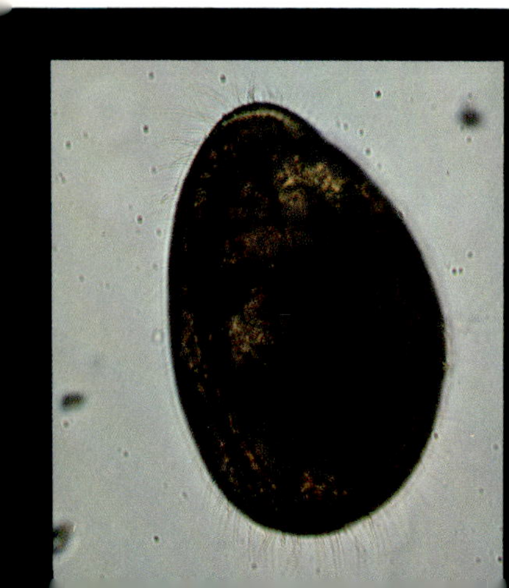

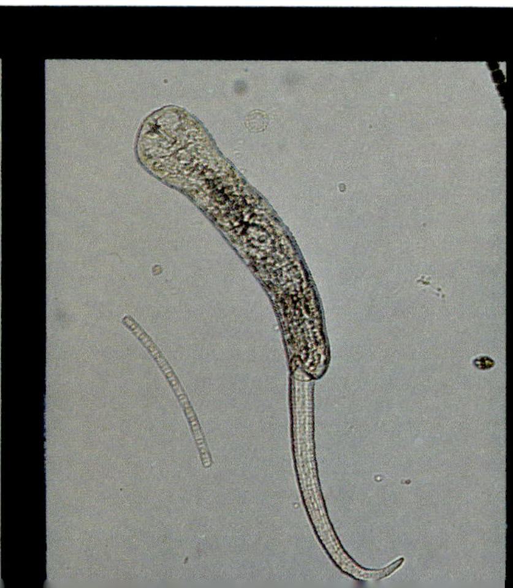

Die hier abgebildeten Organismen sind keine echten Plankter, kommen aber häufig in Planktonproben vor.

Die **Bauchhärlinge** (Gastrotricha) sind selten länger als 1 mm. Durch die beiden Fortsätze am Hinterende lassen sie sich leicht von den Wimpertieren unterscheiden. Sie besitzen einen sehr geschmeidigen Körper und gleiten mit den Bauchwimpern über den Grund. Mit den Wimperbüscheln am Kopf können sie auch kurz schwimmen. Als Nahrung dienen Bakterien, Wimpertiere, Flagellaten und Algen. In kleinen, pflanzenreichen Gewässern, Torfgräben und Moorgewässern.

Die **Süßwassermilben** (Hydrachnellae) sind, je nach Art, oft schwer bestimmbar. Die erwachsenen Tiere und Jugendstadien (Nymphen) haben 8 Beine, die frühen Larven 6. Die meisten Arten sind kräftig grün, gelb oder rot. Sie leben räuberisch durch Aussaugen ihrer Beute. In allen Wassertypen, vor allem an pflanzenreichen, seichten Stellen.

Die **Büschelmückenlarve** (Corethra) ist fast ganz durchsichtig und farblos. Vorn und hinten hat sie Gasbläschen, deren Druck sie ändern und dadurch im Wasser auf- und abwärts steigen kann. Am Tag hält sich die Larve im losen Bodenmaterial verborgen; in der Dämmerung jagt sie in den oberen Wasserschichten nach Krebstierchen u. a. In fischarmen Gewässern kommt es nicht zu diesen Vertikalwanderungen. In Gewässern aller Art, am zahlreichsten in nährstoffreichen, fischleeren Teichen.

Die **Muschelkrebse** (Ostracoda) erinnern äußerlich an Muscheln, sind aber nicht mit ihnen verwandt. Beine und Antennen ragen zwischen den Schalenhälften hervor (im Bild nicht sichtbar). Verkalkte Schalenaußenseite beborstet. Muschelkrebse schwimmen durch gleichzeitiges Schlagen beider Antennenpaare. Je nach Art leben sie von Detritus, Kieselalgen, Bakterien. In Gewässern aller Art, meist zwischen Pflanzen am Boden.

Die **Saugwürmer** (Trematodes) leben parasitisch in Tieren. Vom Ei bis zum erwachsenen Parasiten durchlaufen sie verschiedene Entwicklungsstadien, jeweils mit typischer Larvenform. Die freischwimmenden Entwicklungsstadien heißen Cerkarien. Einer der bekanntesten Saugwürmer ist der Große Leberegel *(Fasciola hepatica)*.

Die **Fadenwürmer** (Nematodes) leben vielfach parasitisch, nur wenige Arten kommen freilebend im Süßwasser und dort oft massenhaft als Bodenformen vor. Fast alle Arten haben einen fadenförmigen, ungegliederten Körper.

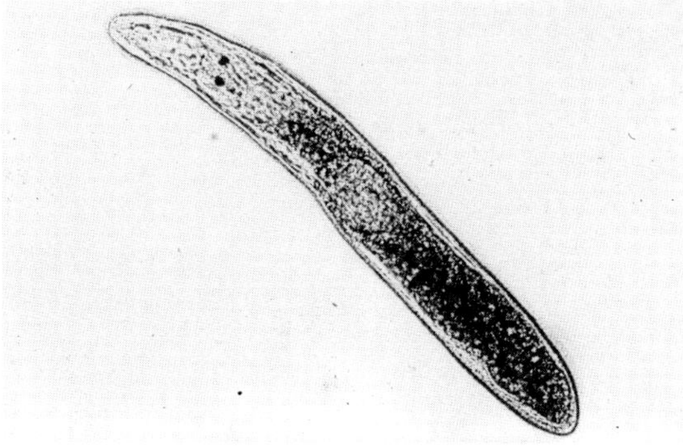

Strudelwürmer (Turbellaria), wenige mm lang, sehr beweglich, kontraktil, bewimpert, gleiten schneckenartig auf den Bauchwimpern. Als Schutz vor Verletzungen und Verpilzungen scheiden sie giftigen Schleim ab. Viele leben räuberisch von Kleintieren, manche zusätzlich von Algen, andere von Detritus und Bakterien. An Wasserpflanzen oder im Schlamm.

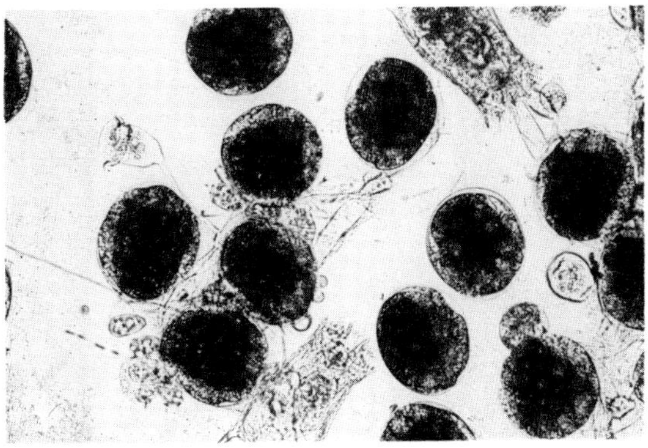

Ruderfußkrebs-Eier, Rädertiere, Wimpertiere.

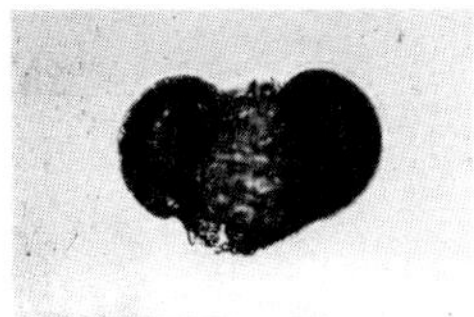

Kiefern- und Fichtenpollen kommen häufig im Plankton vor.

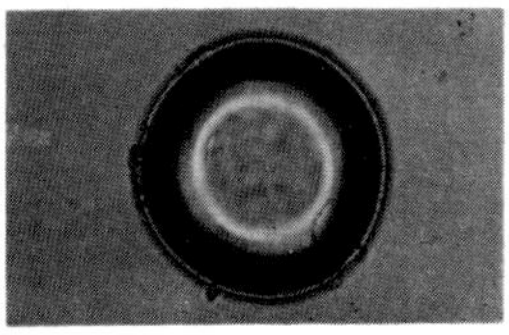

Schräges Auflegen des Deckglases verhütet Luftblasenbildung.

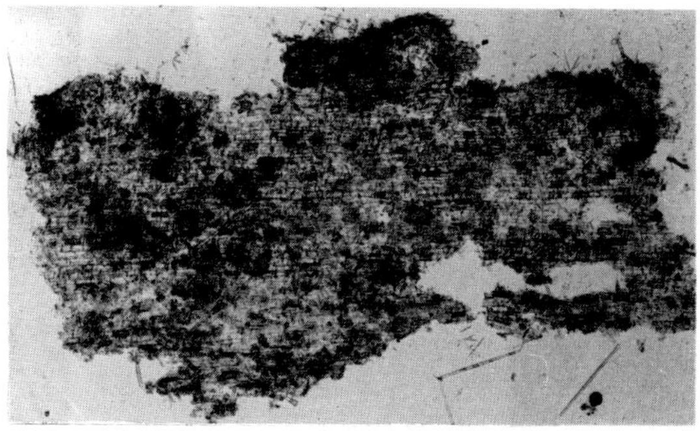

Detritus besteht aus sich zersetzenden Pflanzen- und Tierresten. Bei Pflanzen ist oft noch die Zellstruktur erkennbar.

Planktonfischen

Wer die Planktongesellschaft eines Sees studieren will, braucht ein Planktonnetz. Dieses besteht aus einem trichterförmigen Fangsieb aus feinster Gaze, das unten in einen Kunststoff- oder Glasbehälter mündet. Der Boden dieses Bechers ist offen und mit einem Schlauchstück verbunden, das sich mit einer Schlauchklemme verschließen läßt. Die Maschenweite der Gaze kann variieren, am besten beginnt man mit einer Maschenweite von 35–45 µm; feinere Maschen setzen sich rasch zu und sind dann schwierig zu handhaben, größere Maschen lassen viele Planktonalgen und kleine Tiere hindurch. Besteht dagegen mehr Interesse für größere Tiere wie Ruderfußkrebse und Blattfußkrebse, kann man ein Netz mit Maschenweite 100–110 µm benutzen. Wer sich im Planktonfischen etwas auskennt, kann seine Ausrüstung noch mit einem feinmaschigen Netz (z.B. Maschenweite 10 µm) vervollständigen.

Das Netz wird an einem Stock oder einer Leine befestigt. Als Stock verwendet man am besten einen ausziehbaren Planktonstock. Ein Netz mit Stock ist sehr praktisch, wenn man kein Boot hat und vom Ufer oder von einer Brücke aus fischen muß; hat man aber Zugang zu einem Boot, ist eine Leine praktischer.

Das Planktonnetz soll etwa eine Minute langsam durch das Wasser gezogen werden. In klaren Seen sind vielleicht 5 Minuten nötig, bis man genug Material gefangen hat. Beim Fischen ist es wichtig, das Netz stets unterhalb der Wasseroberfläche zu ziehen, und zwar in verschiedenen Tiefen. Auf diese Weise vermeidet man, daß auf der Wasseroberfläche treibendes Material in das Netz gelangt und später die Untersuchung unter dem Mikroskop erschwert.

Man soll mit dem Netz auch nicht zu nahe an den Boden kommen, damit kein Schlamm aufgewir-

belt und das Netz nicht verstopft wird. Das Netz soll auch nicht mit Wasserpflanzen in Berührung kommen. Wenn das geschieht, bekommt man zwar viele Organismen, größere wie auch kleinere, aber man untersucht dann nicht die Planktongesellschaft, sondern vielmehr die Benthosgesellschaft, die aus festsitzenden Pflanzen und Tieren besteht. Beim Hochheben des Netzes soll man das Wasser darin nicht auskippen, sondern durch das Netz laufen lassen. Geht das zu langsam, kann man den unteren Teil des Netzes vorsichtig mit der freien Hand anheben, so daß das Wasser durch den oberen, weniger stark zugesetzten Teil passieren kann.

Ist alles Wasser nach unten in den Becher ausgelaufen, soll man auch die Innenseite des Netzes abspülen, damit sich die an den Wänden haftenden Planktonorganismen lösen und zur Untersuchung verwendet werden können. Die Spülung geht leichter, wenn man eine Spritzflasche dazu benutzt.

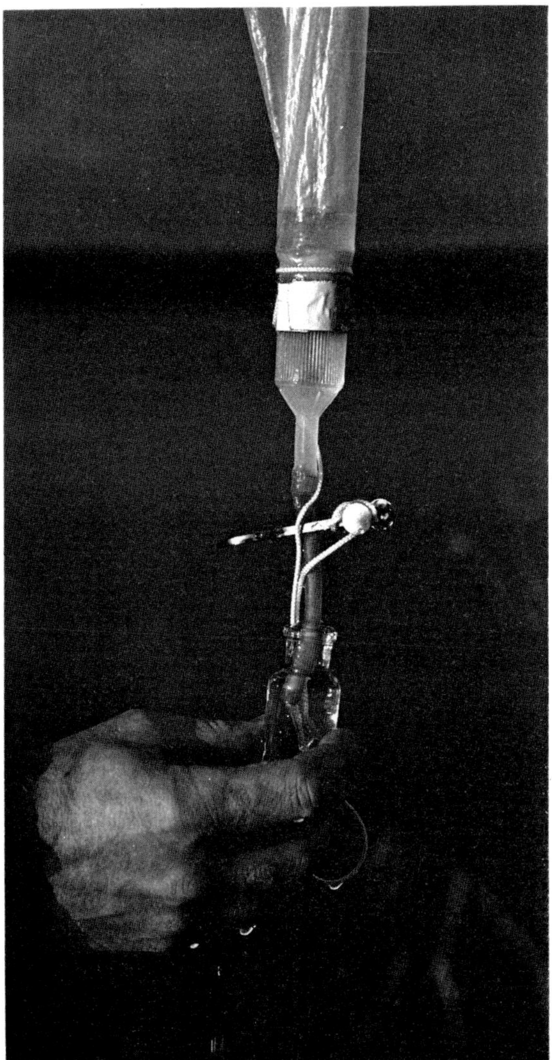

Die konzentrierte Planktonprobe soll in eine etikettierte Probeflasche abgefüllt werden. Auf dem Etikett werden Ort, Datum und die Maschenweite des Netzes notiert. Wer von zu Hause weit weg ist, verwahrt die Probeflasche am besten in einer Kühltasche oder einem Thermosgefäß. Das verhindert im Winter, daß die Probe gefriert, im Sommer aber, daß sich die Probe zu stark erwärmt und die Organismen womöglich an Sauerstoffmangel eingehen. Bei einer Kühltasche ist es günstig, wenn man einige Kühlelemente mit in die Tasche packt.

Ist man längere Zeit unterwegs und kann die Planktonprobe am selben Tag nicht untersuchen oder kann sie nachts nicht im Kühlschrank aufbewahren, kann man auch ein Fixiermittel zusetzen, am besten Lugolsche Lösung. Sie hat folgende Zusammensetzung (modifiziert für die Fixierung von Plankton):

20 g Kaliumjodid
200 ml destilliertes Wasser
10 g Jodkristalle
20 ml Eisessig

Zu einer Probe von 100 ml sollen 0,25–0,50 ml Fixiermittel gegeben werden. Die einzelnen Komponenten kann man in der Apotheke kaufen, wo sie auch abgewogen werden. Steht keine Lugolsche Lösung zur Verfügung, kann man eine 2%ige Formalinlösung benutzen.

Viele Planktonorganismen, vor allem Tiere, werden durch die Fixierung mehr oder weniger zerstört. Die meisten Rädertierchen ziehen sich kräftig zusammen, und man sieht meistens nicht viel vom Räderorgan und dem Fuß; das erschwert die Artbestimmung erheblich. Man sollte daher die Organismen nach Möglichkeit lebend untersuchen.

Wenn man nach Hause kommt, soll man das Netz sorgfältig mit Leitungswasser abspülen, besonders die Falten zwischen der Gaze und der Einsammelflasche auf der Innenseite des Netzes.

Mikroskopieren

Bevor man eine Probe aus der Flasche aufsaugt, soll die Flasche etwa 15 Minuten ruhig stehenbleiben. Dabei sinken viele Planktonorganismen zu Boden, wo man sie mit einer spitzen Pipette leicht aufsaugen kann. Man pipettiert einen nicht zu großen Tropfen auf den Objektträger und senkt das Deckglas vorsichtig von einer Kante aus schräg auf den Tropfen, so daß es fest liegt. Bei zu großem Tropfen schwimmt es schon bei der geringsten Vibration des Tisches davon und erschwert das Mikroskopieren. Dabei kann auch Wasser an das Objektiv kommen, das man dann sorgfältig reinigen muß. Überschüssiges Wasser auf dem Objektträger läßt sich mit einer Löschpapierzunge vom Deckglasrand her vorsichtig wegsaugen. Vorher läßt man die Probe am besten bei Zimmertemperatur etwas antrocknen, damit keine Planktonorganismen weggesaugt werden. Völlig eintrocknen darf das Präparat nicht.

Nach dem Mikroskopieren reinigt man die Objektträger mit klarem Wasser und trocknet sie mit weichem Papier. Wer kalkreiches Wasser in der Leitung hat, kann sie noch mit destilliertem Wasser nachspülen, um Kalkflecken zu vermeiden.

Welches Mikroskop soll man gebrauchen? Für den noch etwas unschlüssigen Anfänger genügt ein einfaches Durchlichtmikroskop mit 200- bis 400facher Vergrößerung. Der Fortgeschrittene dagegen, der sich intensiver mit den Mikroorganismen befassen möchte, braucht gute Objektive (hohes Auflösungsvermögen) und eine stärkere Vergrößerung (500- bis 600fach).

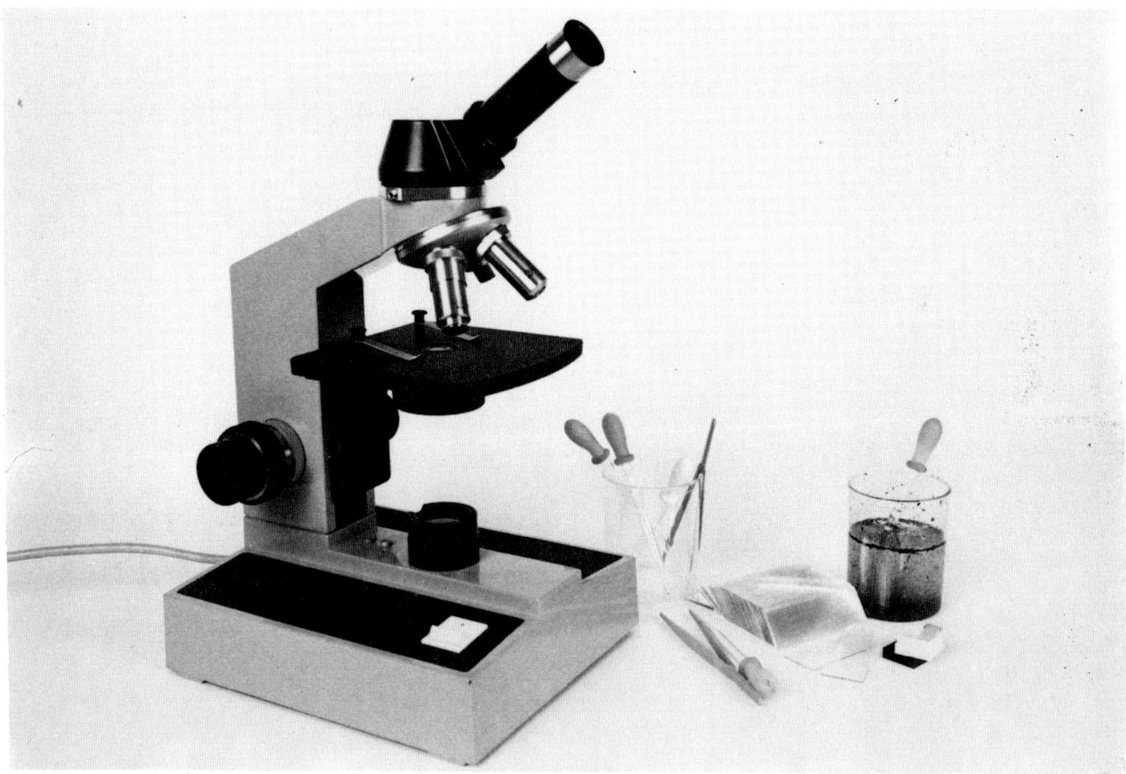

Einfaches Kurs- und Schulmikroskop mit drei Objektiven (Revolverfassung) und eingebauter Beleuchtung sowie einige Hilfsmittel für Planktonstudien: Becherglas, Pipetten, Pinzetten, Objektträger und Deckgläser.

Mikrofotografieren

Die Bildqualität der Mikroaufnahmen hängt ab vom Linsensystem, vor allem aber von der Qualität des Objektivs (Mikroskop) und der Kondensorbeleuchtung.

Je nach optischer Ausrüstung des Mikroskops benutzt man zum Fotografieren

- nur das Objektiv des Mikroskops
- Objektiv und Okular des Mikroskops
- Objektiv und Okular des Mikroskops sowie das Objektiv der Kamera.

Mit der letztgenannten Möglichkeit erzielt man rasch ein befriedigendes Ergebnis: Die Kamera wird mit dem Objektiv auf das Okular des Mikroskops gesetzt und bei voll geöffneter Blende auf Unendlich eingestellt. Ratsam ist die Verwendung einer Spiegelreflexkamera, weil dann die Schärfe im Sucher kontrolliert und die günstigste Belichtungszeit bestimmt werden kann. Nachteil: Weniger gute Bilder, weil das Sucherfeld der Kamera vom Mikroskopausschnitt meist nicht ganz ausgefüllt wird.

Bessere Ergebnisse ergibt bei schwachen Objektiven oft die erste Lösung: Man entfernt Okular und Kameraobjektiv und befestigt die Kamera mit

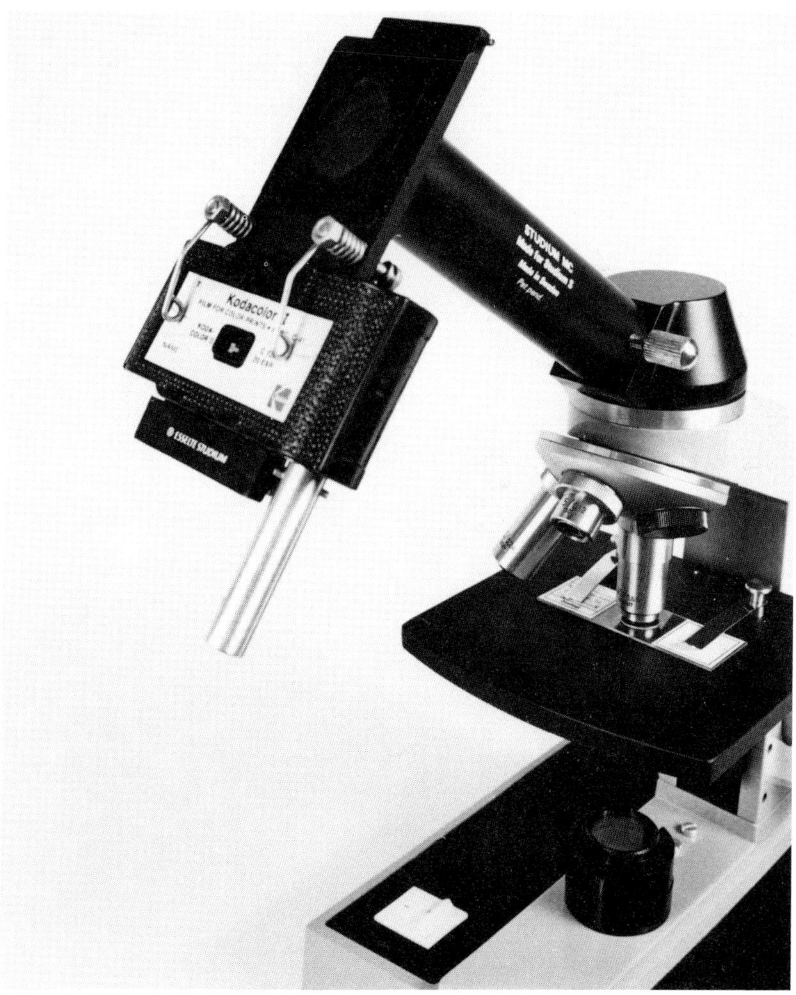

Fotoausrüstung (Studium MC) auf einem Schulmikroskop montiert. Die Scharfeinstellung erfolgt mit der Scharfeinstellung des Mikroskopes und der Mattscheibe im Sucher. Nachdem man die Filmkassette eingesetzt hat, erfolgt die Belichtung dadurch, daß die Mikroskopbeleuchtung ein- und ausgeschaltet wird.

dem Adapter oder einem Balgengerät auf dem Mikroskoptubus. So wird das Bild direkt auf den Film projiziert.
Meist wird aber die Kamera ohne Objektiv auf den Mikroskoptubus mit Okular gesetzt. Das geschieht mit Hilfe eines Adapters, den man als Zubehör der meisten Spiegelreflexkameras kaufen kann. Diese direkte Verbindung von Kamera und Mikroskop hat einen Nachteil: Schon die geringste Erschütterung, z. B. von der Spiegelbewegung in der Kamera, überträgt sich auf das Objektiv und kann ein unscharfes Bild geben. Deswegen verwendet man am besten einen Fernauslöser und klappt den Spiegel möglichst vorher schon auf. Solche Unschärfen lassen sich vermeiden, wenn die Kamera nicht auf dem Mikroskop, sondern an einem besonderen Stativ oder an der Wand befestigt und durch ein lichtdichtes Balgengerät mit dem Mikroskop verbunden wird.

Die Belichtungszeit wird meist recht lang, wenn man das verhältnismäßig schwache Licht des Kondensors benutzt. Das Objekt muß daher beim Fotografieren völlig ruhig liegen. Tiere, die sich schnell bewegen, lassen sich so nicht fotografieren. Sie werden mit einem Mikroelektronenblitz (sehr kurze Belichtungszeit) belichtet.
Die Scharfeinstellung kann problematisch sein, da das Sucherbild meistens lichtschwach ist, auch wenn man es so stark wie möglich von unten her belichtet. Deshalb ist es oft nötig, das Zimmer, in dem man fotografiert, zu verdunkeln.
Größere und teurere Mikroskope kann man mit einem besonderen Fotookular ausrüsten, das eine erheblich höhere Bildqualität gibt als die üblichen Okulare. Bei stärkeren Vergrößerungen und vor allem beim Fotografieren mit Farbfilm ist es wichtig, daß das Mikroskopobjektiv höchste Qualität hat (z. B. ein Planapochromat).

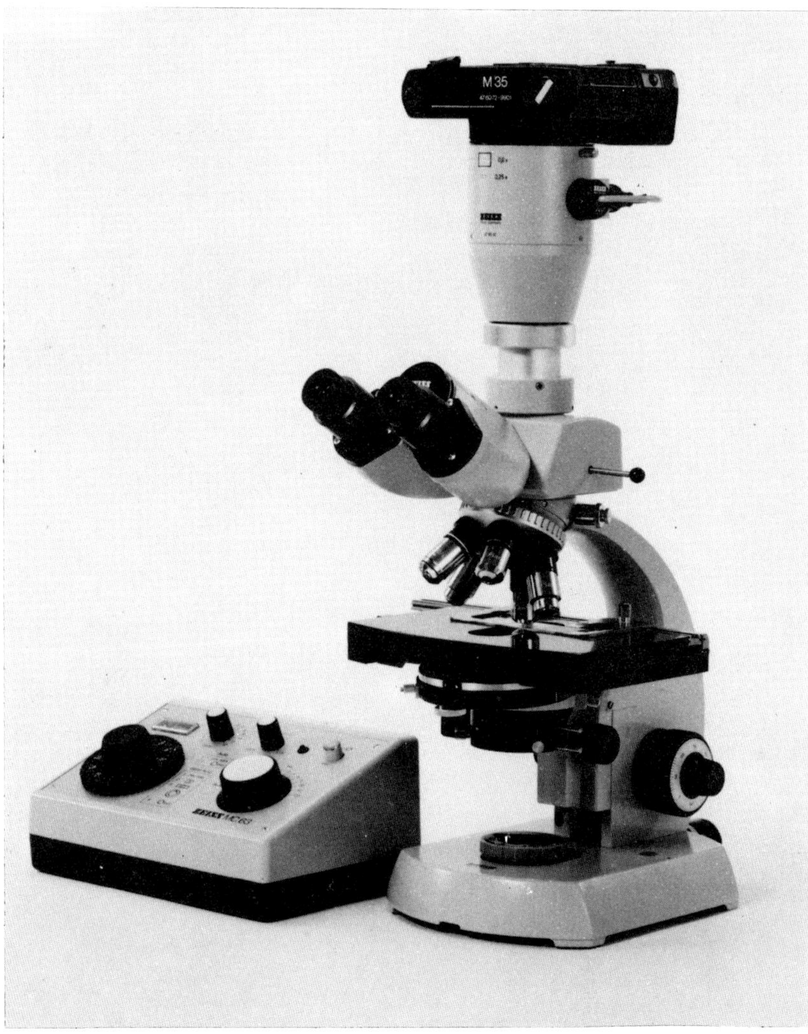

Forschungsmikroskop für anspruchsvolle Untersuchungen (Zeiss Standard 14 C) mit Binokulartuben (so daß man mit beiden Augen sehen kann) und Fotoausrüstung (MC 63) für automatische Belichtung.

Bücher und Zeitschriften für Mikroskopiker

DIETLE, HARTMUT: Das Mikroskop in der Schule. Handhabung, Beobachtungen, Experimente. Kosmos-Verlag, Stuttgart 1983
Das für Lehrer und Schüler geschriebene Werk eignet sich auch zum Selbststudium für Amateure.

ERB, BRUNO / MATHEIS, WALTER: Pilzmikroskopie. Kosmos-Verlag, Stuttgart 1982
Ein Buch für Mikroskopiker, die sich auf die Untersuchung von Pilzen spezialisieren wollen.

FIEDLER, KURT / LIEDER, JOHANNES: Taschenatlas der Histologie. Kosmos-Verlag, Stuttgart 1984
Eine Einführung in die Lehre von den Zellen und Geweben der Tiere und des Menschen.

GERLACH, DIETER / LIEDER, JOHANNES: Taschenatlas zur Pflanzenanatomie. Kosmos-Verlag, Stuttgart 1979
Einführung in den mikroskopischen Bau der Blütenpflanzen.

GERLACH, DIETER / LIEDER, JOHANNES: Anatomie der Blütenlosen Pflanzen. Bakterien, Algen, Pilze, Moose und Farnpflanzen. Kosmos-Verlag, Stuttgart 1982
Einführung in den mikroskopischen Bau der „niederen" Pflanzen.

GERLACH, DIETER: Botanische Mikrotechnik. Eine Einführung. Georg Thieme Verlag, Stuttgart 1977
Anleitung zur mikroskopischen Präparation von Pflanzen (einschl. Schneiden und Färben, Anfertigung von Dauerpräparaten). Wichtig für Mikroskopiker, die sich nicht nur auf die Kleinlebewelt spezialisieren wollen.

GÖKE, GERHARD: Meeresprotozoen. Foraminiferen, Radiolarien, Tintinninen. Kosmos-Verlag, Stuttgart 1963

GROSPIETSCH, THEODOR: Wechseltierchen (Rhizopoden). Kosmos-Verlag, Stuttgart 1972

HAUSMANN, KLAUS / PATTERSON, DAVID J.: Taschenatlas der Einzeller. Protisten. Arten und mikroskopische Anatomie. Kosmos-Verlag, Stuttgart 1983
Einführung in den mikroskopischen Bau einzelliger Lebewesen an Hand von 121 Farbfotos.

KIEFER, FRIEDRICH: Ruderfußkrebse (Copepoden). Kosmos-Verlag, Stuttgart 1973

KLOTTER, HANS ERICH: Grünalgen (Chlorophyceen). Kosmos-Verlag, Stuttgart 1975

MATTHES, DIETER / WENZEL, FRITZ: Die Wimpertiere (Ciliata). Kosmos-Verlag, Stuttgart 1978

MAYR, MAX: Kultur und Präparation der Protozoen. Kosmos-Verlag, Stuttgart 1981

MEYL, ARWED H.: Fadenwürmer (Nematoden). Kosmos-Verlag, Stuttgart 1961

ROUND, F. E.: Biologie der Algen. Eine Einführung. Georg Thieme Verlag, Stuttgart 1975
Beschreibt Bau, Lebensweise, Ökologie und Taxonomie der Algen. Kein Bestimmungsbuch. Keine Präparationsanleitung.

SAUER, FRIEDER: Mikroskopieren als Hobby. Kosmos-Verlag, Stuttgart 1980
Eine kurze Anleitung zum Mikroskopieren und zur Mikrofotografie mit einfachsten Mitteln.

STREBLE, HEINZ / KRAUTER, DIETER: Das Leben im Wassertropfen. Mikroflora und Mikrofauna des Süßwassers. Ein Bestimmungsbuch mit 1700 Abbildungen. Kosmos-Naturführer. Kosmos-Verlag, Stuttgart 1985
Dieses Bestimmungsbuch umfaßt alle Gruppen der mikroskopisch kleinen Pflanzen und Tiere, die im Süßwasser vorkommen. Es beschreibt Untersuchungsmethoden, Kulturen, Bestimmung der Wassergüteklassen, die Stämme, Klassen und Ordnungen der Kleinlebewesen.

VATER-DOBBERSTEIN, BEATRIX / HILFRICH, HANS-GEORG: Versuche mit Einzellern. Experimentierbuch für Lehrer und Schüler. Kosmos Verlag, Stuttgart 1982

ZBÄREN, DAPHNE UND JAKOB: Mikroskopieren. Hallwag-Verlag, Bern und Stuttgart 1979
Eine kleine, aber sehr gut durchdachte Anleitung zur Herstellung mikroskopischer Präparate. Jedem Mikroskopiker, auch dem schon fortgeschrittenen, zu empfehlen.

MIKROKOSMOS, Zeitschrift für angewandte Mikroskopie, Mikrobiologie, Mikrochemie und mikroskopische Technik. Kosmos-Verlag, Stuttgart
Der Mikrokosmos erscheint monatlich. Er gibt Anregungen zu mikroskopischen Untersuchungen, beschreibt interessante Objekte, gibt Hinweise zur mikroskopischen Technik und veröffentlicht neue mikroskopische Methoden.

Fachwörterverzeichnis

Abdomen Abdomen Hinterleib der Gliederfüßer.
Algenblüte siehe Wasserblüte.
Amiktische Weibchen Weibchentyp der Rädertiere, die unbefruchtete (diploide) Eier hervorbringen; siehe auch miktische Weibchen.
Aminosäuren Organische Verbindungen, (= Bausteine von Eiweißkörpern).
Assimilation Aufbau arteigener organischer Substanzen aus Kohlendioxid und Wasser mit Hilfe von Chlorophyll und Sonnenenergie.
Autotrophe Organismen können aus anorganischen Substanzen organische Stoffe aufbauen.

Benthische Organismen leben am Boden eines Gewässers.
Benthos Die Gesamtheit der am Gewässergrund lebenden Pflanzen und Tiere.

Cellulose Gerüstsubstanz der Zellwand.
Chlorophyll Blattgrün.
Chloroplast Grüner Farbstoffträger bei Pflanzen.
Cilien Wimpern, die koordinierte Bewegungen ausführen können und zur Fortbewegung und zum Herbeistrudeln von Nahrung dienen. Typisch für Wimpertiere.
Copepodit-Larven Die späteren Larvenstadien der Ruderfußkrebse.
Cyste Dickwandiges, sehr widerstandsfähiges Dauerstadium bei Pflanzen und Tieren; Überdauerungsstadium vieler Wasserorganismen.

Dauercyste siehe Cyste.
Detritus Zerfallene Tier- und Pflanzenreste.

Ephippium Dunkle dickschalige Schutzhülle der Dauereier bei Wasserflöhen.
Eutroph Nährstoffreich.

Fakultatives Plankton Organismen, die zeitweise planktisch, zeitweise benthisch leben.
Flagellat Allgemeine Bezeichnung für einzellige Pflanzen und Tiere, die Geißeln haben.
Furca Schwanzgabel, letztes Hinterleibssegment bei Blattfußkrebsen, mehr oder weniger deutlich zweigeteilt.

Gallerthülle Gallertartiges, mehr oder weniger durchsichtiges Material, das viele planktische Pflanzen und Tiere umgibt und das Schwebevermögen erhöht.
Gasvakuolen gasgefüllte Blasen bei Einzellern, die u.a. das Schweben erleichtern.
Geißel Organell von Einzellern, das der Fortbewegung dient.
Genitalsegment Hinterleibsegment der Blattfußkrebse mit der Geschlechtsöffnung.

Heterocysten Auffallend große Zellen, meist mit verdickter Zellwand, die bei fadenförmigen Blaualgen auftreten.
Heterotrophe Organismen sind auf organische Nahrung angewiesen.

Indikatororganismen Pflanzen oder Tiere mit speziellen Lebensraumansprüchen. Ihr Vorkommen oder Fehlen in einem Gewässer gibt Aufschluß über die Umweltverhältnisse. Zunehmend verwendet man heute den Begriff Indikatorgesellschaft, der eine bestimmte Kombination von Arten unter gleichen Bedingungen angibt.

Jungfernzeugung Fortpflanzung durch unbefruchtete Keimzellen.

Kaltstenotherme Tiere bevorzugen niedrige Wassertemperaturen.
Knospung Ungeschlechtliche Fortpflanzung durch Abschnürung.
Kommensalen Organismen, die in nicht verwandten Lebewesen wohnen, ohne diese zu schädigen.
Komplexauge Aus mehreren Einzelaugen zusammengesetztes Lichtsinnesorgan.
Konjugation Besondere Form der Vermehrung bei Wimpertieren.
Kosmopolitisch Überall auf der Welt vorkommend.

Lebenszyklus Entwicklung eines Tieres vom Ei zum erwachsenen Organismus über verschiedene Entwicklungsstadien.

Membranellen Mehrere Wimperreihen, die zusammenarbeiten (verklebt sein können) und wie Paddel schlagen.
Miktische Weibchen Weibchentyp der Rädertiere, die befruchtete Eier ablegen; siehe auch amiktische Weibchen.

Nahrungsvakuole Mit Flüssigkeit gefülltes Bläschen, in dem bei Einzellern Nahrungssteilchen verdaut werden.
Nannoplankton Andere Bezeichnung für Zwergplankton (Größe der Organismen 2–35 μm).
Naupliusauge Einfach gebautes Auge der Krebstiere, das nur zwischen hell und dunkel unterscheiden kann.
Naupliuslarven Erste Larvenstadien der Ruderfußkrebse.

Netzplankton Planktonorganismen, die mit Planktonnetzen eingesammelt werden.

Oligotroph Nährstoffarm.

Palmella-Stadium Ruhestadium bei vielen Flagellaten.

Peristom Mundfeld bei Wimpertieren.

pH-Wert Bezeichnet den Säuregrad von Boden und Wasser. Je niedriger der pH-Wert, desto saurer die Umgebung. Die meisten Pflanzen und Tiere gedeihen am besten bei pH-Werten um 7 (Neutralpunkt). Sehr versauerte Seen können pH-Werte um 4,5 haben.

Plankter Einzelne Organismen im Plankton.

Pseudopodien oder Scheinfüßchen sind die für Wurzelfüßer charakteristischen Organellen.

Pulsierende Vakuole Blasenförmige Bildung bei Einzellern, die der Ausscheidung dient.

Punktauge Punktförmiges Auge (= Naupliusauge) bei einigen Blattfußkrebsen, das unter dem erheblich größeren Komplexauge liegt.

Pyrenoid Bei Algen in den Chloroplasten als Körnchen erscheinendes Gebilde, auf dem sich bei der Photosynthese Stärkekörnchen sammeln.

Räderorgan Wimpernkranz, der die Mundöffnung bei Rädertieren umgibt.

Rostrum „Rüssel“; „Schnabel“ der Wasserflöhe.

Saugtentakel Einfache oder verzweigte Organellen bei Sauginfusorien, die dem Beutefang dienen.

Scheinfüßchen siehe Pseudopodien.

Spermatophor Sackförmiger Behälter, der zur Überführung von Sperma u.a. bei Ruderfußkrebsen dient.

Symbiose Zusammenleben verschiedenartiger Lebewesen, die sich einander angepaßt haben und sich gegenseitig nützen.

Temporäre Arten Organismen, die nur zeitweise im Plankton vorkommen.

Trichocysten Schutzorganelle der Wimpertiere zwischen den Wimperfeldern, die bei Reizung erheblich quellen und Angreifer möglicherweise abschrecken.

Tychoplankton Organismen, die normalerweise benthisch leben, aber zeitweise im Plankton auftreten.

Ultraplankton Planktonorganismen, die kleiner als 2–3 µm sind.

Vegetative Vermehrung Vermehrung durch Zweiteilung von gewöhnlichen (vegetativen) Zellen (nicht Gameten).

Versauerung Absinken des pH-Wertes in Niederschlag, Erde und Grundwasser, infolge von Luft- und Bodenverunreinigungen.

Wasserblüte, auch Planktonblüte oder Algenblüte genannt; Massenvorkommen von Planktonalgen, die das Wasser grün, blau oder rot färben; auch Tierplankton kann ausnahmsweise Wasserblüte verursachen.

Zoochlorellen Einzellige Grünalgen, die symbiotisch in Tieren leben.

Zwergmännchen Kleine, sehr stark rückgebildete Männchen der Rädertiere.

Zwergplankton siehe Nannoplankton.

Zygote Befruchtete Keimzelle.

Register

Die halbfetten Ziffern verweisen auf Abbildungen.